现代化的
日本地震综合监测网络

李卫东　王　宜　编译

地震出版社

图书在版编目（CIP）数据

现代化的日本地震综合监测网络/李卫东，王宜编译.

北京：地震出版社，2009.7

ISBN 978-7-5028-3508-8

Ⅰ．现…　Ⅱ．①李…②王…　Ⅲ．地震预防—研究—日本　Ⅳ．P315.9

中国版本图书馆 CIP 数据核字（2009）第 159243 号

地震版　XT200900111

现代化的日本地震综合监测网络

李卫东　王　宜　编译
责任编辑：王　伟
责任校对：庞亚萍

出版发行：地震出版社

　　　　北京民族学院南路 9 号　　　　　邮编：100081
　　　　发行部：68423031　68467993　　传真：88421706
　　　　门市部：68467991　　　　　　　传真：68467991
　　　　总编室：68462709　68423029　　传真：68467972
　　　　工程图书出版中心：68721991
　　　　E-mail：68721991@sina.com

经销：全国各地新华书店
印刷：北京地大彩印厂

版（印）次：2009 年 7 月第一版　2009 年 7 月第一次印刷
开本：787×1092　1/16
字数：266 千字
印张：10.5
印数：0001～1000
书号：ISBN 978-7-5028-3508-8/P（4228）
定价：40.00 元

怀着敬畏的心，我们改造世界

日本人有四怕，"地震，火灾，雷电，父亲"，而四怕之首就是地震。日本处在环太平洋地震带上，全世界震级在里氏6级以上的地震中，1/5以上是发生在日本，轻微有感以上的地震更是达到平均每天4次之多，地震活动相当频繁，因此，日本也有了"地震国"的称号。

地震是给日本带来了极大破坏的自然灾害，但也促使日本逐步建立了一个完善的防震减灾体系，而其中现代化的地震监测网络就是其中重要的组成部分。

1995年的日本阪神地震造成了超过6300人的死亡，至今日本社会各界对地震的经验和教训还在总结。在此之后，日本3次修改《建筑基准法》，1995年在地震科学届和主管部门的呼吁下，日本开始制定并实施"地震基础观测调查计划"，该计划对日本的微震网络、强震网络、甚宽频带网络、GPS观测网络、海洋观测网络、烈度速报网络、通信网络等都进行了系统的规划、整合和完善。本书主要对日本这些监测系统的不同时期的建设成果材料进行了汇编、归并、总结和编译。力图把日本这个"地震国"的地震观测网络的现状清楚地介绍给中国读者，希望借他山之石对中国今后的防震减灾建设，特别是地震监测网络的规划建设有所帮助。

人们常说要怀着敬畏的心态改造自然，当看到地震造成的巨大损失，人类的生命在自然力面前是那么渺小的时候，我们的确是应该谦卑的，同时作为地震工作者，我们心中却又充满着社会责任感，怀着这样的心境，我们度过了去年的5月，也是怀着这样的心境我们编译了这本书。

本书第1、6、7、8章节由李卫东同志编译，2、3、4、5章由王宜同志编译。在本书出版之际，特别感谢卢振恒研究员为本书进行了大量的素材收集和整理工作，本书的出版还得到了许多同仁和领导的大力支持，这里一并谢过。受编者的水平和资料来源，本书在选题、翻译加工等方面，难免有疏漏和谬误之处，敬请读者予以谅解并给予批评指正。

李卫东　王　宜
2009年6月

目　　录

第一章 高密度高灵敏度地震观测网（Hi-net）

一、高灵敏度地震观测网建设的规划

地震调查研究促进部门于 1997 年 8 月制定了作为综合性地震调查观测计划核心内容的"地震基础性调查观测计划"。该计划内容包括：①地震观测；②地震动观测（强震观测）；③地壳变化观测（GPS 连续观测）；④陆域与沿岸区域活断层调查等。其中地震观测分为"陆域高灵敏度（观测频带主要为 1Hz 以上，一般称为短周期地震计）地震仪地面观测（微地震观测）"和"陆域宽带地震仪地震观测"两项（图 1-1）。

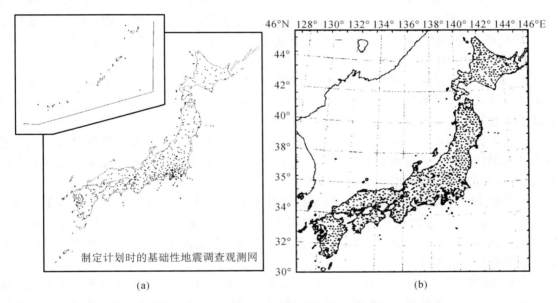

图 1-1 规划前地震观测网（a），规划完成后的高灵敏度地震观测网（Hi-net）（b）

1. Hi-net 建设目标

Hi-net 系统的主要目的是应用灵敏的地震仪检测出小震，通过确定震源和发震机制获得地震活动类型、形态和地下构造、地壳应力等方面的信息。

2. Hi-net 建网设计

1）建网密度

覆盖日本列岛的高密度高灵敏度地震观测网，建设水平间隔 15～20km 的观测网；三角网格的宽带地震仪观测网，建设水平距离 100km。

2）观测精度

内陆地震发生在地壳上部（15～20km）地区，其深度下限可以反映地震的最大规模，提高内陆地震的震源和发震机制的决定精度，有助于发现≤3级以上地震的发震机制和震源过程（断层破裂状态）。

3）监测预测能力

①增强评价长期性地震发生的可能性。②掌握和评价地震活动的现状。③提高地震动预测、海啸预测水平。④为早期传达地震信息提供所需基础数据。

4）其他功能

可用于高精度判定内陆地震震源和发震机制，有助于掌握引发地震破坏后断层的状态等。同时，其综合性功能将有助于发现和积累板块和地壳构造、掌握地震活动类型、地壳构造和地壳应力的变化方面的知识。

二、建成后的高灵敏度地震观测网（Hi-net）

1. 烈度信息的重要性

烈度信息在地震科学和防灾科学研究上具有重要地位和作用，所以对烈度的观测和研究更为重要。其中最为重要的两个问题是：一是如何从量上扩大烈度信息，即如何改善观测点的密度问题；二是烈度信息质量的提高。二者相辅相成，关系相当密切，日本在总结了1995年阪神地震烈度（强震动）信息观测点现状的基础上，制定了今后发展的规划。

2. 1995 年的 Hi-net

Hi-net 主要目的就是提高微小地震的检测能力，正确掌握日本列岛地震活动状况，为地震调查研究建立基本数据库。为此，地震与非地震信号的分辩，特别是车辆和工厂作业等造成的干扰就是微小地震观测的最大问题。

因此，排除地震发生地的干扰信号，对于 Hi-net 所有观测点都要挖掘观测井，在井底设置传感器（图1-3）。观测井的标准深度是100m，但具体的深度还要根据地质条件和干扰环境而定，有的场合需要挖掘2000m以上。

日本在1995年阪神大震灾时，气象厅和防灾科学技术研究所、大学等部门在全国约550个点实施高灵敏度地震观测（图1-2、图1-3）。遗憾的是，这次观测是以特定地区的地震预报为目的，观测点间隔因地区而异，处理是各部门分别进行的。因此，资料数据库很不统一，信息公开也不充分。

阪神大震灾再一次证实了地震预报的科学难度，预报的首要工作是了解地震的成因。从这一观点出发，提出根据高精度的信息积累推进地震科学研究的策略，就是要建设全国均匀的观测网，以均一检测能力从客观上掌握地震活动规律的同时，仅限于研究的数据和处理结果还可以公开和扩大数据信息的应用面。

3. 2005 年的 Hi-net

1）充分利用原有的高灵敏度地震观测设施

按基础性调查观测网计划，在空间布设高灵敏度地震观测网是以水平距离15～20km的三角网为目标。在建设该网时，要尽可能地利用原有的高灵敏度地震观测设施。对于原来的高灵敏度地震观测设施仍由国立大学、气象厅、防灾科研所等维持运营。但它仍未达到"全国均匀的可检测微小地震观测网"的要求。为建设全国范围均匀的观测网，按计划，科技厅于1995、1996年在中部、关西地区，1997年在中国四国地区建设该网。1998年在水陆、北关东东北地区，1999年在北海道地区建设该网。

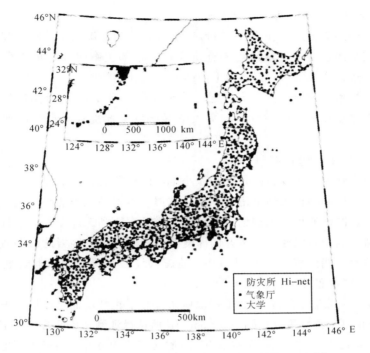

图 1-2 防灾科研所、大学、气象厅等高灵敏度地观测点

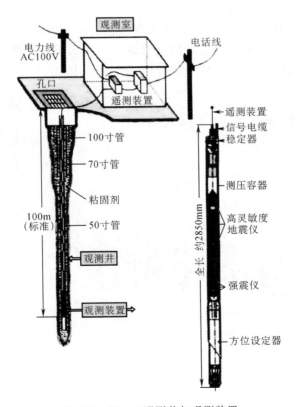

图 1-3 Hi-net 观测井与观测装置

2）日本全国建设 20km 间隔的观测网

内陆发生地震的深度通常在 15～20km 或更浅处，为准确确定其深度和推定今后预计可能发生的地震震级的强度，日本地震调查研究推进本部主案建设了覆盖全日本列岛的观测网，其观测网是边长约 20km 的正三角形网络。

由防灾科学技术研究所承担高灵敏度地震观测网（Hi-net）的全国性建设任务，从 1995 年开始，新的观测点在避开气象厅、国立大学等已设置地震观测点的周围，重新设置了约 500 个观测点。

3）地震仪设置在 100m 以下的深度

高灵敏度地震观测的主要目的是提高微小地震的检测能力，捕捉人感觉不到的微震对地震仪造成的摇晃，更准确记录地下信号，准确掌握日本列岛地震活动状况，为地震调查研究建立基本数据库。准确捕捉地震的信号，首先要避开车辆和工厂作业等干扰源，选择特别安静的场址进行钻观测井，因此，观测井的深度要求避开气象等因素的影响造成的地表附近的干扰，Hi-net 所有观测点都要挖掘观测井，地震仪设在其孔底硬质的岩盘上，钻井的井深至少 100m，在井底设置传感器（图 1-3）。

观测井的深度标准是 100m，并要根据地质条件和干扰环境而定，地质条件差的和交通干线道路附近地点的观测井深度要达到 200～300m，所选择观测井场址若在城市市区附近干扰较大的地方，井深要在 200～300m，大城市市区要钻千米级观测井。高灵敏度地震仪灵敏度非常高，车行或工厂作业等振动信号都能捕捉到。因此，有的场址井深还要达到 2000m 以上。

4）小地震也能检测的高灵敏度地震仪

地震仪分高灵敏度地震仪、宽带地震仪和强震仪三种。高灵敏度地震仪可检测到人感觉不到的微震。主要作用是有效掌握震源位置和地震活动状况。为避免地表附近的非地震干扰，高灵敏度地震仪通常都设置在深 100m 左右的井底（图 1-4）。

Hi-net：覆盖日本列岛的高密度、高灵敏度地震观测网

图 1-4 高灵敏度地震仪观测网的微小地震观测

宽带地震仪是一种可检测到一般地震仪不能捕捉到的长周期缓慢摇动的地震仪，一般均匀设在横坑内，主要用来发现地震发生机制和地球内部构造。

强震仪是一种观测不论多么强烈摇晃都不出格的地震仪，一般布设在地表，主要用来掌握不同场地地基摇动的不同情况和地基构造。

4. Hi-net 数据一体化及共享

目前，在日本全国范围的观测分两类：一是全国范围观测点；二是地区性的高密度观测网。全国性观测点是以气象厅、科技厅、自治省消防厅为主的观测网。1995 年 1 月阪神地震又一次使人痛感地震预测预报的困难，进一步说明了地震现象的复杂性，也充分说明了要发现其发震机制必须有充分的基础资料。因此，为了推动地震调查研究；国家制定了法律，其中之一是由防灾科学技术研究所建设完善的高灵敏度地震观测网 Hi-net。之前观测网都是气象厅、大学、防灾科技所等按各自的目的建设的，观测点的配置间隔各异，很不统一。为了整合全国性地震检测能力并规范标准，对已有的观测点进行合并，统一以约 20km 间隔均匀的高密度的布设观测点，并以防灾科技所在关东与东海地区布设的微震观测网为样板，建设完善了 Hi-net。目前（2005 年编者），Hi-net 有 700 个点，加上其他部门的，已有 1200 个观测点，覆盖了日本列岛（图 1-5）。

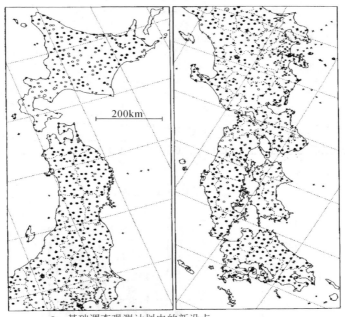

● 基础调查观测计划中的新设点
○ 基础调查观测计划中的新设候补点
＋ 国立大学，气象厅，防灾科技所等原有点

图 1-5　高密度高灵敏度地震观测网配置图

属于 Hi-net 网的大学、气象厅等部门所有的高灵敏度地震观测数据要连续用实时方式交换，全部数据的利用可各取所需。防灾科学技术研究所作为数据流通、保存、公开中心，所有地震波形数据全部档案化，并通过互联网，全部公开。另外，气象厅作为数据处理中

心，所有的数据全部一元化处理，用于确定震源和发震机制解，以便及时准确掌握全国的地震活动状况。

通常，内陆地震发生在地壳上部 15～20km 以上地区，其深度下限反映地震的最大强度。所以，为了达到准确捕捉这样地震的目的，计划建设水平间隔 15～20km 的观测网。新建设的防灾科学技术研究的 Hi-net，其结果和原有的观测点配合，成为覆盖日本列岛的高密度高灵敏度地震观测网。

三、Hi-net 成果

1. 观测点增加了 1 倍

2005 年，日本全国范围的观测分为全国范围观测点和地区高密度观测网两类（图 1-6 和图 1-7）。

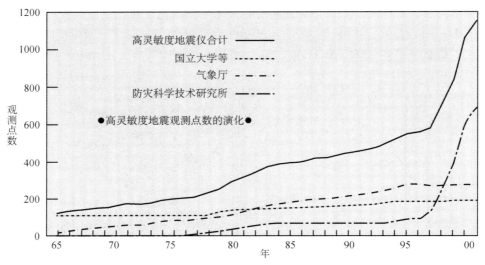

图 1-6　高灵敏度地震观测网点的演变

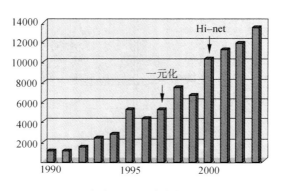

图 1-7　气象厅震源确定数目的推移

其中全国性观测点的代表之一气象厅的观测网建设进展最大，在阪神地震以后，其主要进展是：①观测点数从过去的 300 个增至约 700 个；②可以测量到烈度 7 度，并可分辩出烈度 5 度和 6 度的弱和强的等级（即 5 度弱、5 度强、6 度弱、6 度强 4 个等级）；③在主要观测点配备地面通讯和卫星通信两套系统，在观测 5 度弱以上的强震，地面系统出现故障时，可以通过向日葵号同步气象卫星提供的通信线路进行通信；④观测点重点配置在人口生活密集内，观测点间距在 20km 以内；⑤最大限度充实了地震后的防灾信息；⑥统一了各种仪器的数据产出的格式和处理方法。

通过这些改进和完善，在内陆发生 7 级范围的地震时也能准确测量烈度 4 度（日本采用 7 级烈度，大致相当于中国的 6～7 度烈度）或以上的地区的信息。另外，还充实加强了报道部门与气象厅消息发布对应的渠道处理方法。在地震发生后的几分钟，不仅有关防灾部门，就连一般居民都可立即知道地震的震中、有无灾害、灾害程度等相应的灾害信息。

2. 提高地震监测能力

随着 Hi-net 的逐步完善，取得了各种各样的成果。其中之一就是地震监测能力得到进一步提高，实现了 Hi-net 的建设目标。例如，1994 年气象厅在日本全国监测到的地震数，一年期间约 30000 个，与此形成鲜明对比的是，完善的 Hi-net 网在 2001 年就捕捉到约 120000 个地震，是以前的 4 倍。充分说明它能监测出更小的地震。再如，在和歌山市周围准确监测到的地震震级下限是 1 级以下（图 1-8），与此同时，决定震源程度的精度也提高了，2004 年 10 月 23 日发生的新潟县中越地震，有好几条断层面是由余震分布分析得到的，这也是高密度布设地震观测网的成果。

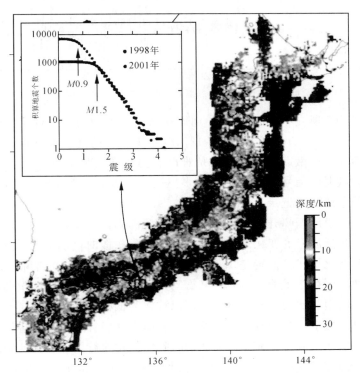

图 1-8　根据气象厅一元化数据得到的浅震（30km 以浅）的深度下限分布
（颜色不同表示深度下限，空白区是地震活动低的地区。左上为和歌山周围地震
活动不同震级积累的地震个数，分布的弯曲部分表示监测能力）

3. 获得了较准确的浅源地震震源深度下限的信息

一般来说，其下限分布与热构造有关，温度高的地区，地震下限变浅。例如，在日本东北地区，在有火山存在的脊梁山地就比较浅，与此相反，在沿岸部则变深。

在日本西南地区，地震下限变浅的范围有两处是平行存在的，根据这些结果，则可大大推进评价内陆地震最大强度的调查研究。

4. 发现深部低频微动

一个预期之外的成果是在日本西南发现深部低频微动。活动性火山，存在微弱摇动长时间持续的火山性微动现象，而与此相似的振动现象，在并没有火山的西南日本广大范围内也出现了。微动的振幅非常微弱，与人为性干扰相似。但在邻近的很多 Hi-net 观测点同时观测到这样现象，就可以判别它是一种自然现象（图 1-9 至图 1-16）。

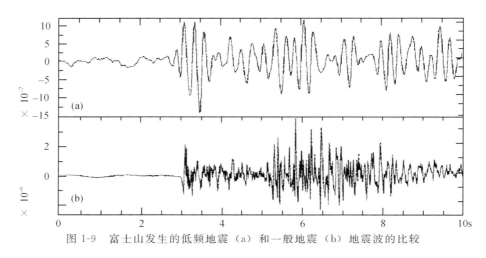

图 1-9　富士山发生的低频地震（a）和一般地震（b）地震波的比较

日本防灾技术研究所在 Hi-net 的微小地震连续观测得到的这一现象，如图 1-13。上图为四国西部伊方（IKTH）2001 年 8 月 17 日 4 时始 1 小时的连续波形记录。从图中我们发现整体上有缓慢活动，即微动。这在以前是难以观测和难以辨认的，而 Hi-net 由于高质量的高密度的网络，微弱的信号均被该网的许多点同时观测到。图 1-13 下图是四国西部 8 个观测点的 1 小时的包迹波形记录（nm：毫微米，s：秒）。

从 35 分到 50 分出现振幅升高，几个点都同时观测到，可以排除人为性干扰，是一种自然现象，即微动。包括波形的变化形态在不同点上也是相似的，这反映了微动的发震源的活动情况。而且，其变化形式可推定是水平向以约 4km 速率传播的。排除气象变化和风等的表面现象，断定微动源存在于地下深处，其振动是以 S 波速度传播的。微动的卓越频率虽在 2Hz 以上，但与一般地震比较，仍很低的，所以称之为低频微动。

在这个时间段的后半，微动虽然是连续的，但前半部仍有脉冲性包迹波形，包含较孤立性的波动。日本气象厅读取这种孤立性的波动时附以低频地震用以震源的确定。其图上 1 小时中的 4 时 05 分的两个低频微小地震，都被气象厅收录到目录里。与此同时，还对①从地震的连续波形记录判别微动，②分析微动的震源确定与地理分布关系，③微动的活动周期与微动源的移动关系，④微动发生机制与地下流体关系等问题进行探讨，并得到很多成果，这里只给出有关的图件，说明其进展。

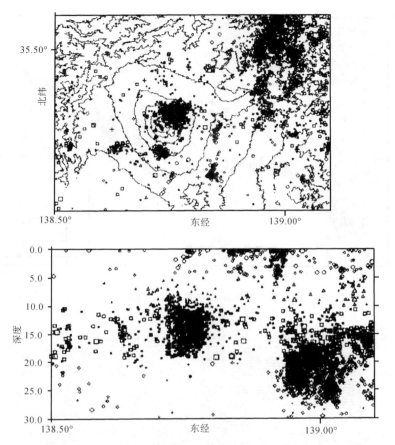

图 1-10　富士山周围的震源分布图（1995 年 4 月 1 日至 2000 年 2 月 28 日）

密集处为低频地震的震源

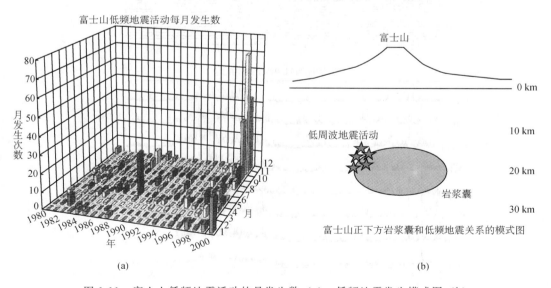

(a)　　　　　　　　　　　　　(b)

图 1-11　富士山低频地震活动的月发生数（a）、低频地震发生模式图（b）

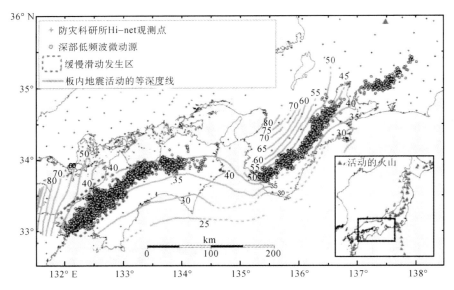

图 1-12　日本西南发生的深部低频微动分布与短期性缓慢滑动发生区

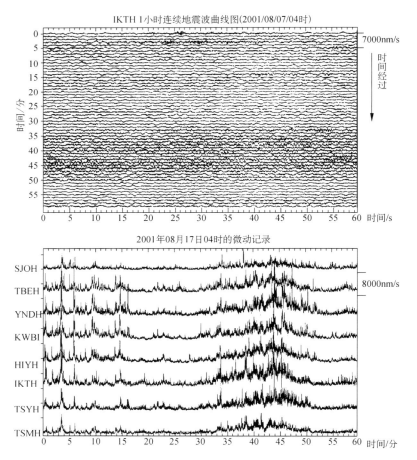

图 1-13　四国西部伊方（IKTH）2001 年 8 月 17 日 4 时始 1 小时的连续波形记录

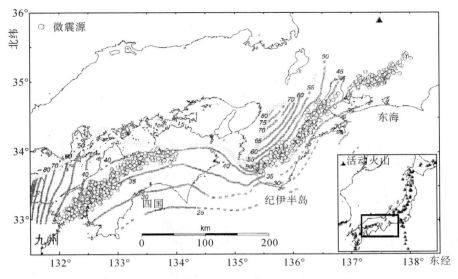

图 1-14　微震源的震中分布（2001 年 1 月 1 日至 12 月 31 日）

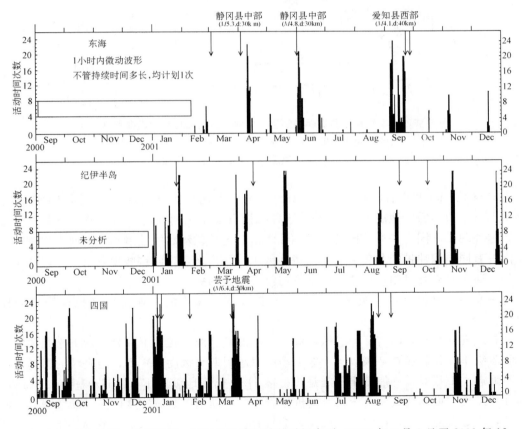

图 1-15　东海地区、纪伊半岛、四国的微震活动的时间序列（2000 年 9 月 1 日至 2001 年 12
月 31 日，周围发生的 4 级以上地震，用箭头表示；M：震级，d：深度）

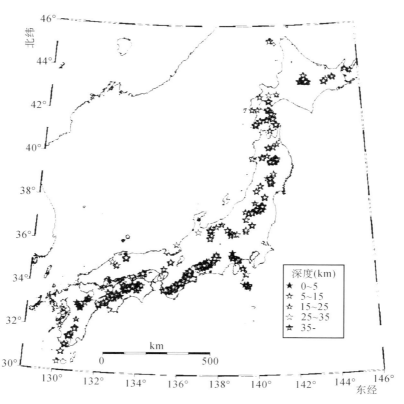

图1-16 根据气象厅和文部科学省合作的资料处理得到的震源数据,绘
出的低频小地震的震中分布(2000年9月1日至2001年12月
31日)。低频小地震均为2级以下的小地震

当对与 Hi-net 并设着的倾斜仪进行详细分析,发现在板块边界与微动同时存在的还有缓慢滑动(一般不激发地震波,慢滑),这种缓慢滑动是短期性的,一般情况下数日就终止活动。这种现象不同于东海地区的更长期性缓滑。这种微动和缓慢滑动的同时发生现象在日本东南具有同样俯冲带的北美大陆喀斯特地区也检测出来,说明这些现象反映了海洋板块俯冲过程。通过研究其机制,可望弄清楚它与巨大地震的关系。

这一发现在世界上引起反响,而后在北美大陆西海岸的喀斯特地区也检测出同样的现象。

低频地震(微动)的特征:①微动源(微动的发震源)在地下深处,地下十几或数十米处。②震级小,其震级在2级以下。③微动的卓越周期(振动数)低,地震波的振动数比一般微小地震小1量级。一般微小地震是10~20Hz,低频地震在1~数Hz,多在2Hz以下。④连续性发生,振动从数分至十几分间继续着。⑤振动是以S波速度传播。⑥微动是一种自然现象,不是人为干扰,但判别有难度。⑦只有质量高、灵敏度高、密度大的地震(微震)观测网,才能观测出和分析辨别出等。

5. 微震观测有利于长期预报

日本每天发生无数个微震。若用高灵敏度地震仪捕促到微震,则可实时地准确地把握某区域地震活动活跃程度、地震类型和地下构造等。通过此不但可为地震长期预报提供基础资料，还可掌握大地震前兆性地震活动变化。

6. 可作为地球深部望远镜

高灵敏度地震仪在强烈地震摇晃时会被失效出格，所以，在 Hi-net 系统中，观测井的井底同时布设了可记录强烈震动的强震仪，通过它和地表强震仪记录作对比，可了解地基对地震波的反应。对于研究和理解该地区地基对从地下输入的地震波如何反应和地表如何摇晃的状况有着重要的研究意义。

作为地球深部望远镜的 Hi-net，一方面捕捉到微小地震和微动等非常微弱现象，另外，由于高密度布设地震仪，使面上观测地震波传播成为可能。例如，向日本列岛下俯冲的太平洋板块内发生的地震及其摇动，只在日本东部变强，这被称为"异常震区"现象，同时获得详细的震动分布（图 1-17）。

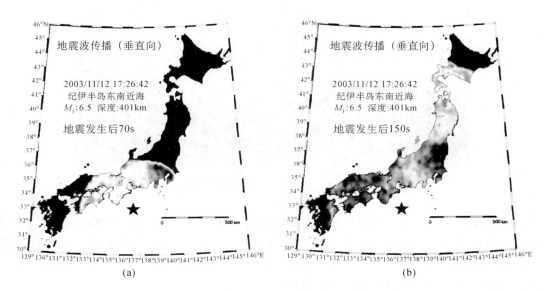

图 1-17　纪伊半岛东南近海深源地震的波动传播图像

红色表示振幅大。地震发生 70s 后（图 1-17a），P 波被动到达关东、中国四国地区；150s 后（图 1-17b）P 波到达北海道，S 波到达东北地区南部和九洲，不管怎样，和西日本相比，在与日本振幅大，显示是个异常烈度区。

地震内侧发生的地震波在地球内部的核—幔边界不断往返，其反射和折射同时到达日本列岛。高灵敏度地震观测网作为探测地球内部的雷达，或者作为深部望远镜，可以精密地捕捉到波动传播的形态。高灵敏度地震仪观测网的数据，在探讨和解释从日本列岛正下方到地球中心的构造方面得以广泛有效应用。

图 1-17 是 2003 年 11 月发生在纪伊半岛冲深源地震的振幅分布图，而对于震源相同距离的关东地区和中国地区，振幅有很大差距。这是一种异常震域现象，通过地幔楔状层的地震波有很大衰减，与此相反，在俯冲的太平洋板内衰减很少，所以在东日本的太平洋沿岸发生激烈摇晃。这是大家过去熟悉的现象，在 Hi-net 系统的记录数据上对这样现象的解释，能够让我们更好地解释和掌握这一现象原因和机理。

在许多领域利用 Hi-net 数据，都可以对促进地球内部构造和地震现象的理解作出很大贡献。

7. 可了解地基对地震波的反应情况

位于筑波的防灾科学技术所，在阪神大震灾后开始建设完善高感度地震观测网，同时建设完善宽频带地震观测网和强震观测网。防灾科学技术所的防灾研究信息中心负责收集、处理并集约所有提供的这些地震资料以及各种自然灾害时局和研究资料，向各有关防灾部门发送各种信息（图 1-18）。

图 1-18　位于筑波的防灾科学技术所的防灾研究信息中心

高感度地震仪在地震摇晃时易被震翻（脱摆），所以，高感度地震观测设施在地表和观测井孔底并设能记录到大地震的强震仪。在大地震摇晃时，通过地表和井底两个强震仪观测记录资料的比较，可知道该地区的地基相对于从地下来的地震波是如何反应的和地表怎样摇动的。高感度地震观测网对此有明显作用和反应。

8. 与强震网结合可得到强震时的加速度分布

2000 年 10 月 6 日午后 1 时 30 分，鸟取县西部发生 7.1 级地震。防灾科学技术研究所 HI-net 记录到了该地震的震源分布数据，并在网上予以公布。同时，应用与 Hi-net 并设的 KiK-net 和原有的 K-net 观测网观测资料，得到并公开了这次地震的地震动的最大加速度分布图。另外，还得到经自动处理后的高精度的震源分布和地下、地表的最大加速度的详细分布（图 1-19 至图 1-21）。

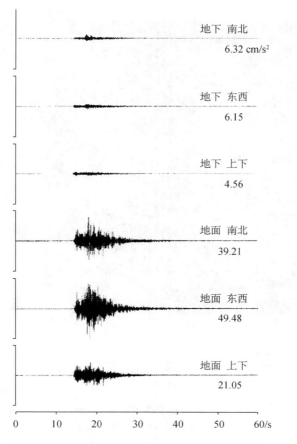

地下 南北

6.32 cm/s²

地下 东西

6.15

地下 上下

4.56

地面 南北

39.21

地面 东西

49.48

地面 上下

21.05

图 1-19　高感度地震观测网观测到的强震波形

熊本县三角观测井（深 300m，离震中约 24km）得到的 4.8 级地震的波形。图中上面三个是地下强震仪，下面三个是地表强震仪的记录波形。数字是地震动强度（加速度单位为 cm/s²）

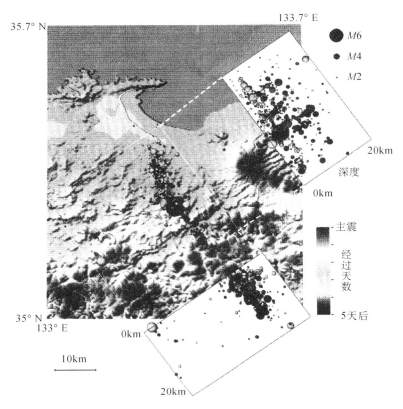

图 1-20　鸟取县西部 7.1 级地震震源分布（2 级以上），主震发生后 10
月 6 日至 11 日的余震分布

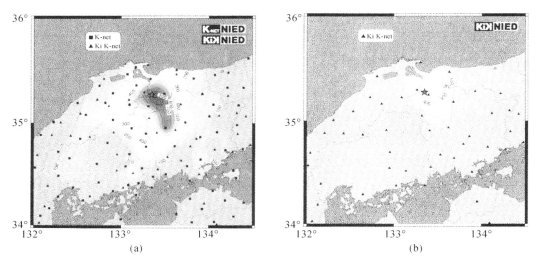

(a)　　　　　　　　　　　　　　　(b)

图 1-21　地下最大加速度分布（（a），深 100～200m，最大加速度沿余震线状配列的方向呈细长
椭圆状分布）和地表最大加速度分布（（b），地表最大加速度分布比地下最大加速度分
布呈复杂形态，表层地基的影响而有复杂的增幅现象，震源西部范围较宽广）

第二章 宽带地震观测网（F-net）

一、宽带地震观测网建设的规划

1. 宽带地震仪功能

地球不仅有地震动，还有因其他原因造成的各种各样的振动，如从每秒 10 次左右的振动到 1 日 1 次的振动，从微动到大地震动。应用宽频带的、大动态的观测仪器，就能观测到这些复杂的振动，应用观测到的数据就可以分析阐明地震本质与地球内部状况。能起到这个作用的就是宽频带地震仪（图 2-1）。

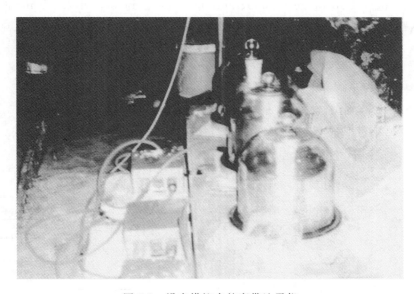

图 2-1 设在横坑内的宽带地震仪

宽频带地震仪是一种可感应到一般地震仪无法捕捉到的长周期的缓慢的地震活动的仪器。它可用于计算表示因地震造成断层运动的时空变化的参数、确定地震发生机制、准确算出地震强度和推定地球内部构造等。

陆域宽频带地震仪的地震观测是通过监测大范围宽频域的地震波而组成宽频带地震网。这个网有助于了解震级 3 级以上的地震发震机制和震源过程；这些调查观测结果的综合评价，有利于系统把握震源的复杂性和多样性，阐明板块和地壳构造。

通过宽频带地震网可即时把握地震强度大小和断层破裂方向，确定更大范围的破坏情况，为有效开展防灾活动提供信息；宽频带地震网还有助于地震海啸的监测。

2. 宽带地震计的建设规划

在日本全岛，以水平距离大约 100km 的间隔设置三角形宽频带地震网。

二、宽带地震观测网建设过程

20 世纪 80 年代后期，美国加州工程大学研究小组对南加州地震开始高密度宽带地震观测。Terra-SCOPE 观测网得到的数据在详细研究震源破裂过程中发挥了重要作用，宽带地震观测的有效性因此也被广泛肯定。

日本防灾科学技术研究所从 1994 年开始实施覆盖日本列岛的宽带地震观测网项目计划。1996 年底，按计划建设完成 11 个点宽带地震观测设施。而后，根据地震调查研究推进本部的"地震基础调查观测计划（1997 年 8 月）"，提出高灵敏度地震观测与强震观测以及宽带地震观测的技术指南。宽带地震观测网按水平距离约 100km 间隔的三角网要求进行建设，可以进一步满足地震破裂过程研究的需要。

防灾科学技术研究所基于"地震基础观测计划"，在建设完成全国强震观测网（K-net）之后，接着又建设了高灵敏度地震观测网（Hi-net）、基础强震观测网（KiK-net）以及宽带地震观测网（F-net：Full range Seismograhh network）。到 2004 年末，F-net 的观测点数已达 73 个，这些观测点与大学等现有设施合起来，则形成全国近 100 个观测点宽带地震观测网（图 2-2）。

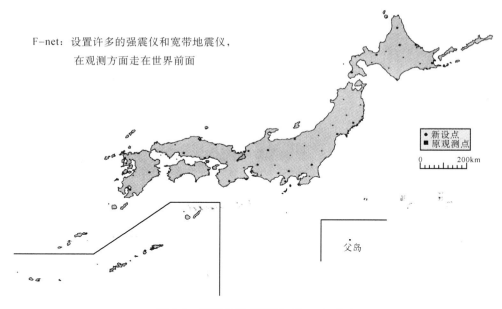

图 2-2　宽带地震观测网（F-net）分布

表示地震动特征的代表性参数有振幅（摇动大小）和周期（摇动的快慢）。实际的地震振幅和周期范围是很丰富的，周期范围有的在 1s 间数十次摇晃的高频震动，也有 50 分以上的极其缓慢性震动等。同样，记录地震动的传感器的地震仪，也有与地震动特征相对应的若干类型。

宽带地震仪是可记录地震动周期范围很广的传感器。在日本茨城县筑波观测点设置 Hi-net 的高灵敏度地震仪和宽带地震仪，两种地震仪可记录同一地震动。图 2-3 是新西兰南西冲附近的 8.1 级大地震的地震动。P 波、S 波、表面波这些主要地震动各种地震仪均可记录到。但波形的"外观"差别很大。这是因为高灵敏度地震仪的"守备范围"偏短周期，缓慢的地震动是很难捕捉到的。

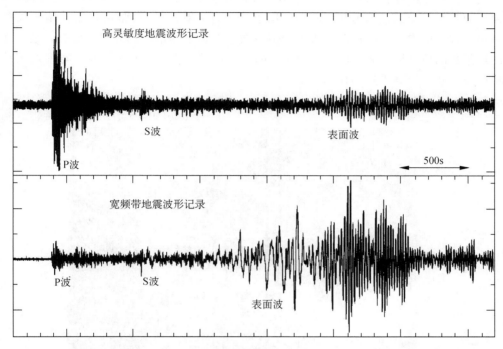

图 2-3　新西兰南西冲周边发生的 8.1 级大地震高灵敏度地震波形记录与宽带地震波形记录图比较（2004 年 12 月），横轴是时间，一格为 100s，纵轴是地震动的大小

为了特定地震发生时刻和确定震源位置所必要的信息，主要是 P 波和 S 波的到时数据，所以只使用高灵敏度地震仪进行观测也没有什么障碍。但是，在分析地震波形记录本身详细调查地震现象时，那就必须布设能准确捕捉地震动的宽带地震观测。

三、F-net 概况和数据通信

宽带地震仪是非常精细的计测仪器和观测设施。与高灵敏度地震仪一样，宽带地震仪可以记录到车行与工厂作业等振动。因此，它的置放应尽可能远离干扰源。另外，由于它对周围温度变化极其敏感，气温变动也能作为干扰被记录下来。为将这种影响减至最小限度，宽带地震仪应放置山体斜面下挖成的燧道横坑最深处。同时，为了解决宽带地震仪对大振幅地震动易出格的问题，通常将 F-net 观测点与强震仪并设。

F-net 数据和 Hi-net 数据的收集方式差不多相同。因此，数据的传输也一样，构筑大学和气象厅等所有的高灵敏度地震数据共同以实时方式相互传输，并可按需共享数据。防灾科学技术研究所作为数据流通、保存、公开中心，将这些地震波形数据文件化、档案化，通过互联网公开发布。

四、成果说明（矩张量 MT 解）

由于 F-net 宽带地震观测网的建设，F-net 地震观测取得了各种各样成果，其中最具代表性的就是所产出的矩张量数据，对于 MT 解释有非常大的帮助。矩张量的地震物理解释，可以视它为互为正交的压缩力和膨胀力作用于震源的结果。"矩形张量"指作用于该震源的力的大小和方向的参数，是最简单表示地震造成形变现象的指标。对于某地震，最能表现该现象的矩张量的值（MT 解）是通过地震动的波形记录分析得到的。因此，宽带地震观测在探索地震现象中有极其重要的作用（图 2-4）。

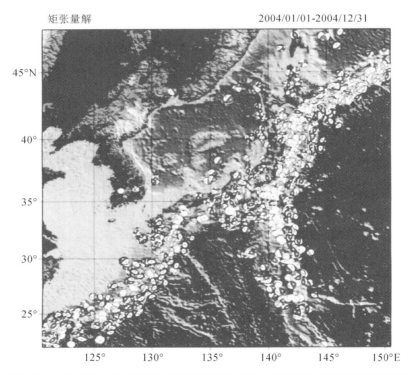

矩张量解　　　　　　　　　　　　　　　2004/01/01-2004/12/31

图 2-4　2004 年 1～12 月日本列岛周边地震的矩张量解图。符号颜色深浅不同与震源深度相应

防灾科学技术研究源源不断地提交给地震调查委员会例会有关日本列岛周围地区地震的 MT 解，是现状评价的基础资料。

F-net 观测得到的 MT 解的总数在 1997～2004 年的 8 年期间约 10000 个。这样建立的 MT 解的目录通过互联网公开。在日本，地震调查研究中，和气象厅建立的"一体化震源目录"结合，成为极其重要的基础资料。

五、宽带地震观测记录得到的地震凸凹构造

2003 年的 8 级十胜冲地震，应用从全世界收集来的宽带地震仪记录分析，得到 2003 年十胜冲地震的凸凹构造图形，如图 2-5。图中小黑圆点是气象厅分析得到的余震。凸凹图形的周围发生许多余震。在十胜冲 1952 年曾发生过 8.2 级地震，当时在北海道的观测点很少，

而且附近的观测点记录出格，只能根据波形分析确定初期阶段破裂过程。但是，在1952年地震也发生与这次因相同的凸凹构造出现大的滑动。1952年的滑动分布也一并画在此图中。

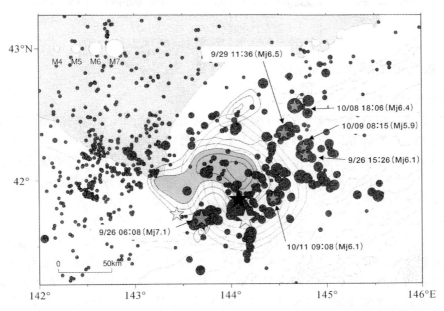

图 2-5　2003 年发生 8 级十胜冲地震、1952 年十胜冲 8.2 级地震的凸凹构造

此图的重要性在于，确定凸凹构造，从地震波分析得到瞬间释放量大的地区（反言之即是平常应变积累的地区），若地震周期不变，及其地震的大小几乎相同。换言之，过去地震求出的凸凹构造的位置和面积，则是近期未来大震发生的地区和范围。如若这个假定正确、凸凹构造的位置同时可以确定的话，未来可能发生大震的烈度也可以预测。这样的话，这个凸凹构造图形可望提高对由此发生的地震和强震动的预测精度有所帮助。

阪神大震后，在全日本布设了为数众多的宽频带地震仪和强震仪。这些观测记录的数据可以准确即时的通过互联网掌握。地震波分析结果精度的提高，不仅需要均匀的年测点布设，还需有效地用波传播路径上受影响小的震源附近的观测数据。如能使用密集的观测网的数据，则将能够更早、更快、更准确地求出凸凹构造的地区。将这些数据作为地震后产出的快速信息，不仅可以有效地减轻灾害，而且对预测将来的地震也有着重要的意义。

六、宽带地震观测的将来

为了有效地减轻地震灾害，抗震设计的现代化等工程学项目研究和探索地震现象的理论研究是不可或缺的。实际地震现象非常复杂，为了研究各种各样的地震动，应用宽带地震观测方式去研究地震这一自然现象是十分必要的。高灵敏度地震观测和强震动观测结果及宽带地震观测，是推动今后地震调查研究发展必不可少的举措。

第三章　高度现代化强震动观测网（K-net）

一、强震观测网建设的规划

1. 强地震仪的功能

强震仪组成的强震动观测网有助于掌握地震动强度、强烈地震动的周期与持续时间及空间分布，有助于阐明震源区的详细破裂进程。地下是极不均匀的构造，下部基础上堆积地壳的地震动局地性因素强，特别是地表层不均匀性更强，因此那里的地震动极其复杂，局地性被放大。为了掌握大范围地震动特性，系统地捕捉比地表不均匀性少的地下基础的输入地震动、掌握震源区的地震动和表层地基的地震动反应特性是重要的。

2. K-net 建设规划

以水平距离 15～20km 间隔的三角网为标准布设高灵敏度地震仪，并尽可能的在地下基础上设置强震仪，同时充分利用原有布设在地表的强震仪。这样的建设规划有望准确的捕捉规模大的内陆浅源地震的震源附近的地震动，并有望得到地基反应特性和地下不均匀构造。并由此期待确实准确地捕捉到规模较大的内陆浅源地震震源区附近的地震动，同时期望掌握地基的反应特性、地下的不均匀构造等。

阪神大震灾给人们太多的教训，其中主要一个是使人再次认识到"强震观测"在准确记录地震时地基和构造物运动状况的重要作用。了解地震时不同地震地震动可为地震后对策方案和分析灾害原因提供重要信息。然而，灾害性地震可能在任何地方发生，目前快速的全国性强震记录的收集和公开发表体制还不完善。日本的强震观测点在城市区，但许多观测点都无法进行快速的记录的收集。而且，日本强震观测大多是研究机构按自己特定研究目的设置的，并未形成快速数据记录公开的联动机制。阪神地震后，强烈认识到建设一个系统的重要性，它配置覆盖全国均等强震仪，可以采用必要的通信手段（利用电话线路收集记录）快速收集，集中统一的进行数据综合处理，实现数据公开发布大家共享。

为此，防灾科学技术研究所在全国布设 1000 处强震观测点，用电话线路收集记录，设立利用电话线、电脑的处理系统的强震观测信息网络中心，这就是 K-net（Kyoshin-Net）。

3. 建设和完善强震观测网的思路

强烈地震动的测量被定义为强震观测。它不仅能记录到大震动的时间过程，而且还能测其最大值和计测烈度，这可以称为广义上的强震观测。强震观测在经历阪神大震灾后的 10 年期间有了很大的变化，取得了引人瞩目的进展和成果。

1）总结吸收阪神大震灾的经验教训

（1）高度发达的现代城市并不等于抗震性强的城市，但人们已习惯于自然大地平衡状态。随着城市生活的方便性增加，大家对城市化发展所带来的地震危险性的认识不足。

（2）阪神大震灾使日本城市安全的神话破灭了，各种各样建（构）筑物破坏，火灾多发蔓延，造成了大量的人员伤亡（图 3-1）。

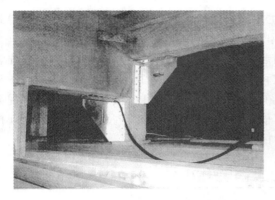

图 3-1 阪神大震灾使各种各样建（构）筑物破坏

（3）严重灾害发生时，市民联合互助，共同行动，集体力量保护和救援了大量生命和财产。

（4）深刻认识到应以"自身安全自己保卫"为防灾基本原则，市民、企业、行政联合互助，形成地球规模的携手社会安全保障系统。为此，为谋求真正自主的高级社会，应推进地区的力量、志愿者社会形态和国际合作的态势。

（5）不要随着时间的逝去而淡化震灾经验教训，未来仍要反复宣传教育，特别是体验过历史震灾的城市，努力宣传防灾和恢复振兴等方面的信息。

（6）市民生活、城市化等政策方面要引进防灾理念，形成为提高安全性建立费用负担的机制，特别是对抗震性强的城市化均要设定大地震再来的 100 年期间计划，按 10 单位实施。

（7）地震后的各部门是否及时采取行动，行动是否有效，是抑制灾害扩大和救援灾民的关键。为此，应建立富含最新技术的危机管理体制，市民、企业、行政努力提高即使在极限状况下也能采取适当行动的能力。

（8）为实现城市安全，在努力推进地震预报和灾害预测等研究的同时，还要确定由自然科学、工程学、社会科学各领域的"综合防灾学"项目研究。其成果要公开、广泛宣传，并实现共享。

从以上的反思和总结中可以看到，能否准确记录地震时的地基和建筑物动态的强震仪和进行强震观测是多么的重要。因为，了解地震时不同地区、不同场址地震动，对地震后制定政策、分析灾害原因提供关键性信息。但是，目前日本强震观测点都布设在城市，且观测记录的收集既不统一，也没有一个中心系统，强震观测的许多研究机构还是按特定研究任务设置的，根本与观测记录的快速收集和公布不挂钩。因此，布设覆盖全国的均匀的强震仪，利用电话线路实施收集记录，在一个单位进行统一处理，建立数据公开、共享体制对日本来说是十分必要的。

2）各部门开展与本部门目的要求相适应的观测

在阪神大震灾后的 10 年期间，强震观测最大的变化是充实、完善了全国规模观测网。为推动日本强震观测，日本成立了由实际从事强震观测的官、民各方面组成的强震观测事业推进联络会议。该组织在 10 年前制定的全国强震仪配置计划等指导下，规定了在因特网上即时公开测定后的强震记录的方向。经过 10 年的实施已取得实效。

10 年来，由于实施该计划和遵循即时公开强震观测记录的方向，使强震观测记录数据得到应用。2004 年 10 月 23 日新潟县中越发生地震时，因特网上立即公开了震源区所得到的强震记录，连余震记录也全部发布出去，可以说这是这 10 年中特别值得称赞的进步。当初阪神地震后，在因特网公开这些记录，还引起议论。现在各部门都在按各自目的充实强震观测网并运用它。其中具有代表性的就是防灾科学技术研究所在阪神大震后建设的 K-net 和 KiK-net 观测网（图 3-2）。在这个网内，只要在内陆发生 7 级以上地震，则可以获得该震源区的强震记录。这样的强震观测之所以成为可能，得益于地震仪的生产技术和电子技术现代化的发展，通信技术的提高及强震仪方便简单的维护管理等。

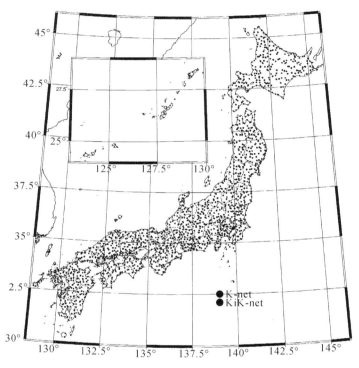

图 3-2　K-net 和 KiK-net 强震观测点分布图

3）强震仪记录方法的普及和扩大利用是一个待解决的课题

强震记录的公开系统，扩大了利用者的范围，为地震断层的详细破裂过程的研究、地震波传播路径的变化研究进而定量掌握地震波在软堆积层增幅状况的研究等方面作出了很大贡献，并有望促进地震学和地震工程的发展。如何进一步扩展利用者，其中最关键的是如何将强震记录资料处理好，释义到科普启蒙程度，并让学生能接受，这是今后应解决的问题。另外，随着强震记录资料的不断积累，对过去无法解读的大地震也可以重新认识和研究，对比较大的地震发生超过重力加速度的强震动，已经被大家接受，但是根据很少的信息量是无法给出各种抗震标准的。

随着记录的大量积累和面市，则需要进行数据的管理。但若强调加强管理，许多用户就无法自由使用，这可能影响强震观测本身的发展。因此，要进一步完善强震观测和记录公开系统，使其有序顺利的发展，这就需要建立一个井井有序的管理体系，即充实强观测网（经济得以发展）、提高成果利用率（包括科研成果）、加强数据传输系统、建立规范的管理机制。

二、建设和完善强震观测网的方案

1. 全国设置约 1000 台强震仪

防灾科学技术所构筑的全国配置 1000 处强震观测点，用电话线路收集记录，数据集中到观测中心，经计算机完成处理的系统相结合的网络，就是当初规划的 K-net（日本科学技术厅防灾科学技术研究所布设的强震仪观测网 Kyoshin-Net 的简称）。

K-net 是日本科技厅防灾防灾科学技术研究所设置运营的强震观测网，建设该网的目的是即使在日本任何一个地方发生 7 级以上地震，该网都能观测记录到震源附近的强震动，这也是建设完善强震仪观测网的目标。1999 年，日本已在全国布设一定规格的强震仪约 1000 台。观测点以 25km 左右等间距布设。强震仪强震动记录均传输到位于筑波市的研究所里，经过预处理后立即公开发表，从发生地震后早则半天迟则 2~3 天就可以读到或选择数据。计测烈度也同时算出，作为参考信息提供。虽说即时性还不够，但可以得到较详细的烈度空间分布的信息。兵库县南部地震时，就获得该网布设时 300 点以上的信息和进行数据分析和计算。

2. 在 2544 个市町村设置观测点

日本消防厅在 1995 年时有 3257 个市町村，若烈度可以由市町村单位即时提供的话，那将成为防灾上极为有用的信息。自治省消防厅以此为目标，于兵库县南部地震的第二年开始引进，于 1997 年全国配置完成。为避免和气象厅和防灾科学技术研究所相重复，重新在 2544 个市町村设置观测点，设置和运营任务由都道府县为主体，计测和记录方式（只记录烈度信息，或者输出全部记录）等有些不同。但从图 3-3、图 3-4 上可以看出，如此广泛和密集的观测点组成的网，一定会在防灾上发挥很大作用。

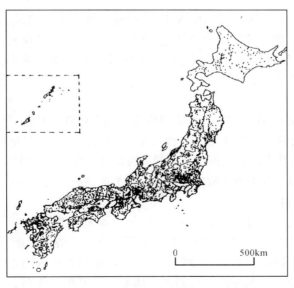

图 3-3 日本消防厅在全国市町村设计测烈度观测点

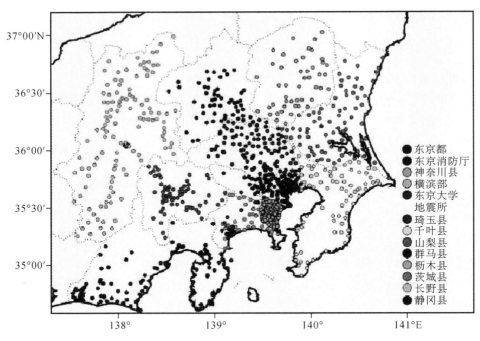

图 3-4　首都圈强震动综合网络观测点分布

秋田县有 69 个观测点，在 1998 年 9 月岩手县内陆北部 6.1 地震时，其中有 19 年点缺测（28％），后在有关大学协助下，缺测点得到改善，在 1999 年 2 月秋田县沿岸南部 5.4 级地震中，这些观测点都得到了有用的记录。

3. 强震网络

1）K-net 观测点

覆盖日本全国的按约 25km 间隔配置 1000 处强震观测点，且所有观测点一律设置同样型号规格的强震仪，大动态范围三分量加速度仪，24bitAD 变换器和 8Mbite 的 IC Card 等。各观测点，还配置了能准确记录绝对时间的 GPS 天线、到观测中心的传输记录电话线路、防停电中断记录的蓄电池等。

2）K-net 观测中心

K-net 系统观测中心设在防灾科学技术研究所，负责收集、整理、编辑全国强震观测点记录资料，并通过网络公开。观测中心在接收气象厅经人造卫星发布地震信息后（定位信息），以其震源位置、震级为基准，对被预定采用记录的观测点自动地按电话顺序收集观测点的 IC－Card 记录的地震动数据，收集到的数据经核对后作为准确的地震数据，通过因特网公开。

3）东京大学强震网

东京大学地震研究所在 1983 年从骏河湾-伊豆半岛到南关东地区布设了强震观测网。1978 年发布东海地区将发生 8 级大地震的预报意见后，又增设观测点，建立了新的观测体制。开始只有 15 个点进行观测记录，到 1994 年选用电话线路传输数据系统后，又在地震地壳变化观测中心的协助下，追加地下观测井（油壶、国府津、伊东、相良）和观测壕内的强震观测项目。随着实时地震学和新的地震预报计划的实施，又在伊东市周围、川崎市等地新设了观测点。使用的强震仪型号为 SMAD-3M/SMAC-MD/K-NET95 等。观测点设在有地域特点的露岩上，目的是设法获取震源信息，也考虑它起到基准观测点的作用。

与其他大学的共同观测，多是用 SMAC 型强震仪对大阪、名古屋的建筑物进行观测。

4）观测数据网的其他数据输入

在 K-net 系统中，各观测网还可以选取其他数据输入，比如直接读取地方公共团体等观测记录数据。

（1）地区地震信息系统：

在日本，按地区特点设置了多样化的强震（烈度）观测网。比如，川崎市在阪神地震之前就建设了震灾对策系统，它是以"城市区"为单位即时输出地震动信息的系统。在引进 K-net 系统的数据之前，能即时输出烈度信息的观测点不在川崎市内，地震发生后的防灾对策是参照东京和横滨的观测点烈度信息判断的，防灾计划也是根据异地资料制定的，应急对策十分不适应震灾实际需求。在输入 K-net 数据后，这样问题得到了有效改进。

关西地震观测协会，曾因记录到阪神地震时珍贵的近场强震动资料而一举成名，截至 2005 年，关西协会已有 24 个观测点。阪神地震后一个代表例子是横滨市实时地震防灾系统，市内配置约 150 个强震观测点，可以得到即时信息。兵库县、神户市可即时获得包括地区内烈度在内的多种信息，构筑起灾后初动、灾后应急对策的相应启动系统。

（2）东海 3 县的观测网：

图 3-5 是设置在东海三个县的强震观测点分布图，观测点高达 500 个，其中主要观测点属气象厅计测烈度观测网和防灾科学技术研究所的 K-net 及消防厅计测烈度观测点，还包括名古屋市和公共企业部门（电、煤气）和 2～3 个大学的网。

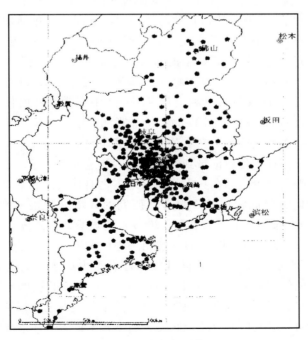

图 3-5　东海三县高密度观测网点分布图

（观测点包括防灾所、气象厅、爱知县、岐阜县、三重县、名古屋市、名古屋大学、京都煤气、中部电力等）

目前，以名古屋大学为主对观测点的一体化管理、运营等高密度观测网的应用可能性问题的深入研究，可望进一步完善观测体制，为防灾对策提供更多更准确的灾害信息。

（3）大城市圈综合强震仪网络系统：

日本的大城市圈综合强震仪网络系统建设完善计划是整个强震网建设的一部分，目的是收集首都圈地区各部门现有强震仪网络的地震波数据，以提供给用户。

三、强震动观测网的运行

1. 记录地面强烈摇晃的强震动观测网

阪神大震灾是日本兵库县南部的活断层即由从六甲山到淡路岛的断层发生断裂造成地面强烈摇晃（强震动）引发的。阪神大震灾时人员死亡的重要原因是强震动引发建筑物、家具等的倒坏造成的。为了减轻这种强震动的灾害，不可或缺的是开展对未来可能发生的强震动进行预测和与此相应的充分的防御准备。

强震动强度到底能达到多大的强度，对此应作怎样的准备才好等问题，是地震防灾科研上最重要的基本课题。要解决这些问题，首先是实际计测强震动。基于此认识，日本于1953年开始了强震动的观测。从此以后，许多研究者、有关机关，按各自目的要求进行观测和研究。即便这样，1995年1月17日的阪神地震还是造成6400人死亡，这说明过去的地震防灾工作管理与实施是不充分的。特别是若只限于强震动观测，各机关按各自的目的实现观测，观测点所属单位的局限性、观测记录的公开不充分等状况是需要改进的。

这些问题在阪神地震前也大都了解，也提出过建设全国性强震动观测网的必要性，但问题始终未得到解决。阪神大震是改变这种状况的转折点。通过1995年补充预算，确定了构筑按约25km的网格覆盖全国的1000个点的强震观测网（K-net）。

K-net的特征是利用当时开始快速普及的因特网，全部公开包括加速度波形记录在内的所有观测数据。1995年7月议会立法制定了"地震防灾对策特别措施法"，在当时内阁首相府成立了地震调查研究推进本部，开始了被称为"基础地震观测网"的综合性地震观测网的建设。K-net作为其中一环，开始建设被称为"基础强震观测网（KiK-net）的地面和地下的强震动观测网的建设"。防灾科研所承担建设K-net地震观测网的任务。兵库县南部地震后，仅防灾科研所建设的K-net、KiK-net约1700观测点以上。K-net、KiK-net所观测到的地震数据，通过因特网在地震后半天左右公开，在发生地震的次日，只要有个人计算机的，坐在计算机前就可以获得日本各地记录到的地震动的加速度波形记录。进行强震动的详细研究，掌握波形记录是必不可少的。在兵库县南部地震之前，仅是收集整理强震动的记录，就要花很大的人力和时间。与此相比较，强震动研究的环境得到根本性改善。到目前为止，2000年鸟取县西部地震、2001年芸予地震、2003年宫城县北部地震、2003年十胜冲地震等许多地震的强震动记录（图3-6至图3-8），被用来进行多项研究，在学会发表许多文章。

K-net开始运用至今已近10年，期间其技术已有很大进步，更换后的强震仪实现了由最新技术武装的高度现代化强震动观测网。新型K-net，回收数据的时间大幅度缩短，地震发生后，过去需半天左右回收的数据，现在几分至数十分左右就可以回收公开数据（数据通信方式也在由电话网向数据通信网等系统转变，由于日本的ISDN系统比较发达，基本使用拨号网，其数据传输的效率也比中国的拨号系统要好）。

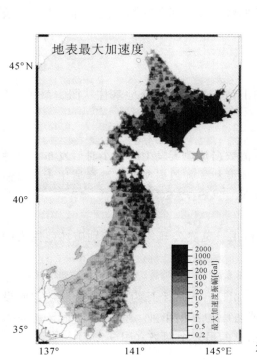

图 3-6　2003 年十胜冲地震时地表摇晃分布
（★为震中）

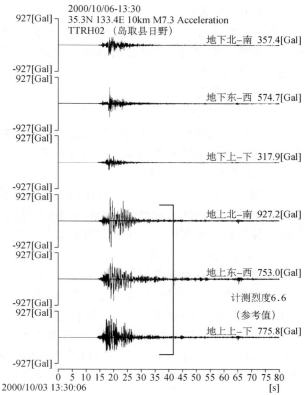

图 3-7　2000 年鸟取县西部地震时日野观测点
（KiK-net，TTRH02）观测到的加速度波形（单位：Gal）

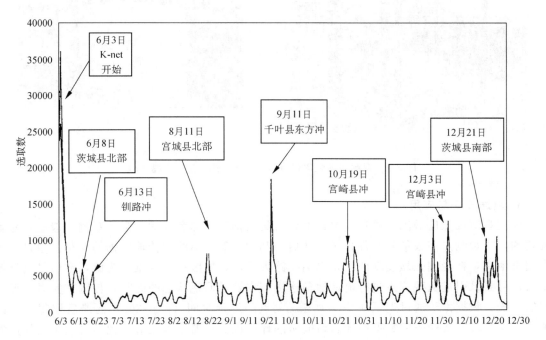

图 3-8　防灾科研所 K-net 选取状况（1996 年 6 月 3 日至 12 月 31 日）

2. K-net 数据公开

K-net 的特征之一是以快速的数据公开为前提构筑起来的系统。K-net 并不是严格意义的实时系统，但它是一个通过因特网从地震发生后的数小时期间所观测到的全部数据可以公开的"准实时系统"。

公开的数据包括：

1）观测点信息

对于所有观测点，在建设时原则上均从地表向下钻孔 20m，公开地基柱状图、N 值、P 波与 S 波速度、土质密度的深夜方向分布等。

2）地震波时序列信息

观测得到的三分量的地震波时序列信息作为数值数据从地震发生到数小时后发布，这种数值数据的公开，使用者要注意勘察数据的计算机环境和 3 种数据文件。选择适用于自己使用的计算机的数据文件，应注意的数据文件是 UNIX、DOS、ASCⅡ。

3）加速度最大值信息

观测得到的各观测点的最大加速度（3 分量）值用一览表公开。对于特别破坏范围大的重要地震事件，可同时公开最大加速度分布图。

4）利用 K-net 组成的另一个网络

K-net 强震仪有二个输出端口，一个与观测中心相连，另一个是为地方自治体使用所设计的。提供给地方自治体的这个端口纳入自治省消防厅的补助事业，将地震动记录转换为"烈度信息"和构筑面向县、市、町、村即时提供信息的另一个网络（图 3-9）。

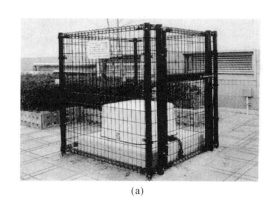
(a)

(b)

图 3-9　观测用的强震仪（a）、K-net 观测点的外观（b）

3. 数据收集与应用

强震观测或烈度观测均是通过电话线路收集数据和存储管理的。强震观测一般是信号触发式的，在观测点完成信号文件目录形式后，利用一般电话线路传输数据的系统。但是，当大震发生后，在受到强烈震动地区，电话线路失灵，收集数据很困难。为此，在信号刚被触发后，可尝试引进从观测点进行电话通信连接，在处于通话状态的同时，传输准实时波形数据的系统。数据由于通过迟延线路，因各观测点的迟延时间（15～20s）而滞后取得，所以被称为准实时。传输来的数据在地震研究所的计算机显示器上呈波形。此后再收录其他点的数据。今后计划是第一步由准实时数据进行第一速报（地震后数分钟），第二步许多观测点的数据回收后进行第二次速报（1～2 小时）等，分阶段向需要数据的有关研究部门、有关防灾部门提供相关信息。

在受到触发或发生强地震时，相当数量的观测点可以 FTP 方式提供数据服务，不过，其 FTP 的网站和目录不一定全部公开，考虑用户的便捷，防灾科学技术研究所以 FTP 形式作成数据目录提供用户下载服务。

第四章　GPS 大地观测网络系统（GEONET）

一、GEONET 观测网建设规划

1. GEONET 建设目标

精密 GPS 连续观测网有助于实时、稳定、连续且大范围地监测地壳应变的时空变化。通过该网可获得地震发生之前地壳应变累积及其变化的有关信息。

2. Hi-net 建网设计

以水平距离 20～25km 间隔的三角网方式在全国均匀布设 GPS 连续观测站。

3. GEONET 系统功能

GPS 系统是美国国防部为在世界范围的美军舰船、飞机、装甲坦克车、士兵运输等军事用途而开发的、能够在全球范围瞬间定位的导航系统。24 颗 GPS 卫星在地面上空约 20000km 的圆形轨道上大约每 12 小时绕行一周。从卫星上连续发射轨道信息和时间。这样的卫星星座布局，能够确保不论在地球何处，均可在任何时间接收到 5 个以上卫星发射出的电磁波信号。

1）GPS 定位原理

GPS 定位的方法主要有单点定位和相对定位两种。单点测位是车载导航式的方法，因为需要决定出点位（接收点）的纬度、经度、高度坐标值及接收机的钟差 4 个参数，所以需同时至少观测 4 颗卫星。

由于已知从 GPS 卫星发射出的电波到达接收点的时间、到卫星的距离，利用该距离解 4 个未知数组成的方程式。因为单点定位所用广播星历精度不高，所以单点测位的精度是数十米左右（GPS 系统中，P 码的误差为 2.93～0.293m，精度最高，但是 P 码只能美国军方使用，AS（Anti-Spoofing）是在 P 码上加上的干扰信号，也就是一般用于民用的 C/A，C/A 码的误差是 29.3～2.93m；在 C/A 信号上加入了 SA（Selective-Availability），令接收机的误差增大，大概在 50～100m 左右。在 2000 年 5 月 2 日，SA 取消，所以，一般现在的 GPS 测量精度应该能在 20m 以内。编者注）。

相对定位是通过测定 2 点间电波到达时间差，从作为基准的已知点的距离和方向表示未知点位置的方法（图 4-1）。相对定位由于使用 GPS 卫星发射的载波位相，精度高，可用于测量地壳变化的观测，可以以绝对值 2～3mm 精度测定 2 点间的距离，相对精度超过 10^{-8}，同样进行相对侧位，需要观测最低 4 个卫星，与单点测位的原理一样。

2）地震与地壳变化

地壳形变对地震学来说是重要的信息。但传统的大地测量方法存在着费时、费力、时间分辨率低（采样率低，缺乏连续性）的缺点。由于 GEONET（GPS Earth observation Network system）是高精度、高密度、覆盖日本全国的连续观测系统，它的建设使地壳运动观测状况发生了革命性变化。

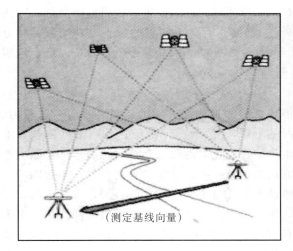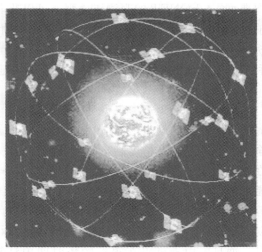

（测定基线向量）

图 4-1　GPS 卫星轨道配置和相对测位概念

　　大地震引发强烈的地面运动，地壳则同时发生显著的变形，比如当南海海沟发生 8 级巨大地震，高知县室户岬就出现 1m 以上的隆起，阪神地震时，在淡路岛可看到野岛断层的错动所引发的变形。

　　大地震是断层在地球内部积累的形变能量发生释放而产生的破裂现象。为了解地震发生的孕育过程状况，则需要了解地球内部变形的情况。所以，GPS 地壳形变观测作为地震调查研究的一个重要项目，在过去 10 年间得到扩展和充实。

　　3）GPS 和 GPS 连续观测网（GEONET）

　　GPS（全球定位系统）卫星发送定位所需电磁波信号，通过精确测定和分析电磁波信号的载波（波长 20cm 左右）相位，则可以 mm 级精度测定点位变化。GPS 在地球科学领域的利用研究是从 1980 年开始。在一系列全球 GPS 跟踪站和数据处理中心的共同合作下，GPS 卫星精密轨道已可计算出来，接收机等硬件成本也逐步降下来了。所以，进入 20 世纪 90 年代后 GPS 地壳观测开始广泛利用。

　　为最大限度地应用 GPS 的高精度观测，需要将其观测装置永久、稳定地安置在地面上，进行连续观测以取得连续性数据。在日本国内，从 20 世纪 80 年代末开始使用 GPS。其中，防灾科研所和大学从 1992 年起、国土地理院从 1992 年开始运用 GPS 连续观测点，国土地理院在阪神地震发生后的 1995 年，在全国已设立 210 左右 GPS 观测点，但其约一半的观测点集中在关东、东海地区，在距阪神地震震源 30km 的范围内，一个 GPS 连续观测点都没有。由于 GPS 观测网可以全天候观测、连续观测、精度高和具有使用电子技术与电脑形成一体化进而可以实时联机观测处理地壳变化等传统测量手段无可比拟的优点，作为一项基础调查观测项目，国土地理院从 1993 年开始采用 GPS 并发挥 GPS 的优势建立了新的测地观测网。到 1996 年 4 月观测点数在全国已增加到 610 个，1997 年 4 月达 890 点（亦称电子基准点），观测点的增加在其后仍在持续，到 2005 年 4 月，全国已有 1224 个观测点，以平均约 25km 的间隔覆盖列岛。被称为 GEONET（GPS Earth Observation Network）的 GPS 观测网，成为世界上数量最多、密度最高的观测系统，成为美国以及其他国家同样观测网的学习典型。GEONET 的观测点原则上可以获取 1s 采样间隔的连续数据，所得到的数据实时传输到茨城县筑波市的国土地理院（部分有例外）。最终保存 30s 间隔的数据。观测数据和分析结果的每日坐标值等信息均在互联网站上（http：//www.gsi.go.jp）上公布，用于地震和地壳变化研究的 GPS 观测站也可作为普通测量的基本点利用。

4）GEONET 的地震学研究作用

地壳形变对地震学来说是重要的信息。但传统的大地测量方法的观测存在着费时费力、时间分辨率低的缺点，而应用 GEONET 进行的 GPS 连续观测，由于它是高密度覆盖日本全国和连续观测及精度高，使其观测状况发生革命性变化。地形变观测对地震学的贡献主要在它可提供地震本身和有关地震背景这两个方面的信息。所谓地震本身的信息，不言而喻就是地震时的地壳变化，可用此来推定的断层错动方式，过去测量方式的观测，采样率低，计算出变化量所必要的数据一般都是几年前的，所以得出的变动量包含同震以外的变化，很不易识别。而 GEONET 连续观测正如该名称所显示的一张地形网，可捕捉到地震的瞬间信息，而且，由于可以在很短的短时间内计算出结果，可高效率在应急时提供数据和信息服务。

GEONET 还可以监测出震后迟豫变化（地震后的蠕滑）和断断续续的错动。这就是最大程度地显示出 GEONET 的高精度、高密度、连续观测这三大特点。可以根据数据推定，目前十胜冲地震的迟豫变化和东海地区的断续滑动在持续，以及断层滑动的时空分布。

另外，GEONET 所获取的关于地震发生背景的构造运动信息，虽然几乎和过去地质学时间尺度的平均图像结果差不多，但从仅仅数年的 GEONET 观测点的坐标变化计算出日本列岛的板块运动和板块变形情况，还是可以分析出其随时间的变化。因此，根据 GEONET 得到的地壳变化的数据，可推定板块间耦合，并可得到反映地壳应变积累过程等地震周期方面的知识。

以 GPS 为主的地壳变化观测的特点是可以直接观测得到变化的积分值（位移/时间），所以，可以一定精度捕捉到长时间尺度的地面运动现象。这一点在长周期方面对于其他观测手段是难得的优点。持续地进行长期性观测具有特别重要意义。而且，GEONET 的 1 Hz 高频率位移记录数据可用于填补短周期地震计和长周期地震计之间的频率间隙，显示出它对地震震源过程研究的效益。

通过 GEONET，可在时、空两方面对日本列岛的地壳形变态势进行全面的观测。随着，更快、更多地向研究者公开 GEONET 数据，还希望使地壳变化研究向地方自治团体等部门推进，可以说，这一点是 GEONET 系统最大贡献。

二、观测研究现状

1. 成立 GPS 研讨会推动 GPS 研究开发应用

日本为了有效的引进和应用 GPS，在引入 GPS 的初期阶段成立了 GPS 研讨会。这个研讨会由东京大学地震研究所的加藤照之副教授主持。作为活动的一环节，出版《GPS 新闻通讯》，进行宣传各部门、团体的活动和卫星发射状况等。每年的 12 月召开一次以 GPS 为主题的研讨会，会上发表的研究文章以研究会文集形式出版。研讨会上由于从地震预报立场发表文章很多，其内容也以与地壳变动有关的精密相对点位为主体。可以通过出版物，全面了解这方面在一年度的 GPS 活动。

2. GRAPES 观测网的开发应用

要介绍日本的 GPS 利用现状，必然要介绍日本国土地理院在全国展开的 GPS 固定点连续观测网 GRAPES。GRAPES 是 GPS Regional Array for PrEcise Sureying 的缩写。在日本，国土地理院负责国内测量作业基准点的建设、调整、维持和各点坐标值的管理工作。过去基准点是以三角点、水准点形式提供的，其中水平位置坐标来源于三角点（一等点 332 点，辅助点 637 点，二等点 5056 点，三等点 32770 点，四等点 48376 点），高度坐标来源于水准点（一等点 17700 点）。基准点提供、维持日本国家测量基准体系。基准三角点水平坐标值的计算精度规范要求不低于为 1cm，其他各点的水平坐标的精度均受此值所限制。国土地理院确认 GPS 对于传统测量方式的优越性后，1994 年度在全国设置了 100 多点的 GPS 观测局。点间的距离平均为 120km，从 1994 年秋开始，GRAPES 作为实体已处工作状态，开始常时连续观测。由于这个完整的 GPS 观测网，一般的 GPS 用户可以以自己测量地域附近的国土地理院的 GPS 观测站为基准站，进行 GPS 测量。由于点间距离为 120km，用户可在其间设置观测点，这样可利用在 120km 之间的 60km 地方附近的地理院的 GPS 观测站，引进这种观测方式，使国内测量精度得到了大幅度的提高。可以说这是日本测量史上一个划时代的进展。

GPS 还有一个重要作用，即利用这个系统所得的数据，监视日本全域的地壳形变。由于它是连续观测形式，所以地壳形变的解析也是连续的，就地震预报研究而言，这是特别重要的。在过去，监测广域的地壳形变是大地测量的专门任务，但在大地测量时，从地震发生之后组织测量班，立即进行重复测量，得到测量结果在数月之后，甚至半年之后。由于 GRAPES 的运用，时效性得到大幅度的改良。

除日本全土 100 点 GPS 观测网，国土地理院还在作为地震预报观测强化地区的东海、南关东地区配备了 100 点 GPS 观测网。相对全国 GPS 网，这些点属于从这地区的地震预报事业立场出发而设置的观测网。观测成果上与其说要求高精度性，不如说要求迅速性更紧迫。为此，当前（2005 年）采取的是 1 日 6 小时观测和使用广播星历（GPS 卫星观测轨迹）以及观测后即给出成果的方式。

在 1995 年 1 月 17 日阪神地震时，国土地理院应用 GPS 在地震时实施了地壳形变观测。其中地震后测量作业中使用 8 个电子基准站（即连续 GPS 观测站）进行连续观测，一般测量者均能利用在阪神地区由这种临时电子基准点所取得的 GPS 载波相位观测数据。这些临时电子基准点大致运用到 1995 年 9 月 30 日。以上只是 GRAPES 的试用。预计它将作为今后全国网运营的参考。若能成功的话，运用期间还将继续延长，这样可望 GRAPES 得到进一步实用化。

3. 观测点数据的开发应用

在以三角点为基准实施传统的测量时，对于有关坐标值、视准点方向角等三角点的某些数据，只能通过国土地理院的窗口去查询、取得，所得到的数据，只要没有改测等引起的变更，原则上总是同一的数据，而且数据是可以用笔记录。

与此相反，GRAPES 所提供的数据是观测时所取得的原始数据（载波位相数据）。以 GRAPES 点为基准点，在现场从事测量作业的技术人员所需要的数据就是这种原始数据。当采样率为 30 秒时，每天一个测点的数据大约位 1Mbits。该量是与过去测量所取得的数据无法相比的海量数据，用过去同样手段来提供如此大量的数据是不可能的。对于这个问题，国土地理院考虑利用个人通信网。个人网通信网络开设论坛，那里存储、集中大量的数据，数据用户可自由从那里提取数据。该系统要达到实际运用，尚有数据的安全问题和现行测量法的整合性问题、数据利用的费用等问题必须予以解决。另外，不仅仅是测量数据，连基线分析的结果也和观测数据一样要通过计算机通信才有可能取得。

国土地理院决定从 GRAPES 的 100 个观测点再增加 400 点，现在南关东、东海地区集中配备了 100 个 GPS 点，这样总共有 600 余点，构成覆盖全国的观测网（1994 年末全国有 210 个点）。1995 年度又增加了预算，对此网进行进一步完善。一般地说，对于相对定位，通过两点观测数据的取差是可以除去基准点与观测点公共误差因素的影响（GPS 观测中称这个办法为差分，假定误差是一样的可以相互消除，编者注），但点间距离太长时，这个效果并不理想（通常以 10km 左右为目标）。所以，对于主要的误差因素，如电离层引起误差影响，需要用各点的自身接收的双频信号进行去除，也就是说，长距离基线观测场合，必要使用双频接收机，而对于短距离，由于电离层影响的相同性（可以用差分的方法去除），使用单频接收机也依然能取得十分实用的成果。在这个意义上讲，地理院将 GRAPES 点增加 600 个点，点间距离在 25km 左右，这与全部采用双频接收机相比，混合使用非常低廉的单频接收机对实用性测量是有效的，这个作用和效果具有极其重要意义。

今后国土地理院将以这些 600 个 GPS 观测点作为测量的基准点，并必须进一步加以维护。过去的三角点在一定程度上讲是静态基准点，与此相反，为了对应那些不了解在何处进行测量作业的一般利用者，在必须维持常时活动状态这一意义上讲，GPS 基准点（地理院称为电子基准点）的全部点都是动态基准点。在今后要将这些动态基准点全部维持下去是要巨额的经费和劳力，尽管如此，国土地理院仍全力推动这项工作的发展。

三、GEONET 观测网建设过程

1. GEONET 的历史演变

国土地理院开始应用 GPS 连续观测网是在 1994 年。当时应用的是以观测南关东、东海地区的地壳变化为目的的 110 个站点构成的观测网（COSMOS-G2）和全国均一布设的 100 个站点的观测网（Grapts），刚开始实施观测，就很完美地捕捉到伴随几次大地震（北海道东方冲地震、三陆远海地震、阪神地震）发生的地壳形变，显示其有效性。其结果，到 1996 年观测点增设到 610 站，并将以前独立进行的二个观测网进行整合，成为目前的 GEO-NET 原型。观测网在其后慢慢地逐渐扩展，到现在已超 1200 个点。已达到 1997 年地震调查推进本部策定的"关于地震基础调查观测计划"中按 20～25km 间隔覆盖全国的 GPS 连续观测网的这一目标（图 4-2、图 4-3）。

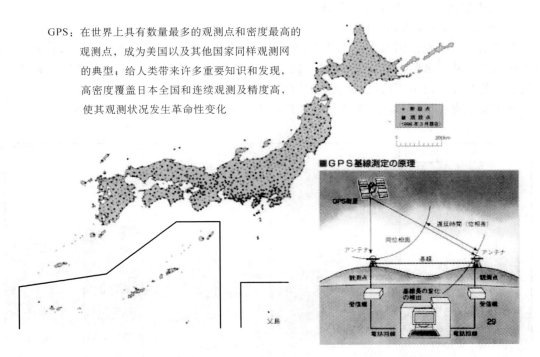

GPS：在世界上具有数量最多的观测点和密度最高的
观测点，成为美国以及其他国家同样观测网
的典型；给人类带来许多重要知识和发现，
高密度覆盖日本全国和连续观测及精度高，
使其观测状况发生革命性变化

图 4-2　GEONET 观测点分布图和 GPS 基线测定原理

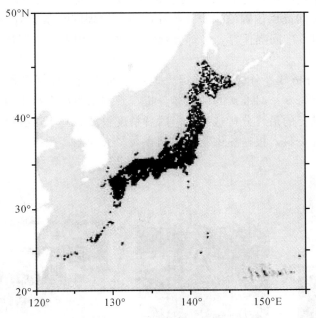

图 4-3　国土地理院 GPS 连续观测网（GEONET）的观测点分布

2. 电子基本点 （GPS 连续观测站）

1） 电子基本点机构和点位

电子基本点是在全国布设的大约 1200 个 GPS 连续观测点。各观测点设置在高约 5m 的观测标墩上，其顶部附近设 GPS 天线。设备内部除接收机外，为了通信需要还设置通信设备机器、临时停电对策用的电池组和监测标墩倾斜的倾斜仪。

电子基准点标墩的形状，如下照片那样，因设立年度大致可分为 4 种形状。

大部分观测点通过因特网进行日常接收观测，以 1s 间隔记录到的数据进行实时传输。1Hz 的数据，除对民间提供位置信息服务等外，国土地理院在紧急时对 50 点以内观测点进行实时分析，最后以 30s 间隔保存，一部分观测点通常应用电话线路每 3 小时传输 30s 采样的数据。

应用精密 GPS 分析软件分析传输到国土地理院的数据，计算出各点的坐标值。在目前常规的分析中，包括每 3 小时准实时的迅速分析、观测结束后在数小时内分析每月资料的速报分析和约 2 周后进行的最终分析这三类。后者精度较高。基于这些结果绘制速度矢量变化图和坐标时间序列等资料，报送提供给地震调查委员会和地震预报联络会。

021100　富士山

021098　南鸟岛

051140　冲绳岛

在地面埋设电子基准点附属金属标，也能用于 GPS 观测。

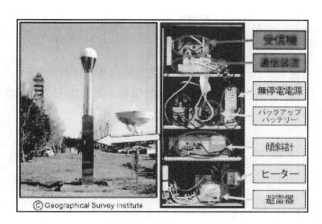

电子基准点内部的机器构成

电子基准点位图

2）电子基准点实时数据

GPS 中央局和电子基准点间除去孤岛、高山地区等一少部分均是常时连续的，大致可即时取得以 1s 采样的数据。该即时取得的数据被称为电子基准点数据。这些除用于国土地理院紧急分析外，通过发送信息机关，向作为民间公司的位置信息服务业者提供、传输，使应用网络型 RTK-GPS 等进行即时高精度的定位测量成为可能。

3）电子基准点数据服务

电子基准点数据系统，每 3 小时登陆到各个基准点获取数据。大约 5 个小时可以把所有的数据下载完成。使得计算处理当日的数据变得可能，GPS 测量工作的效率得以提高。提供信息内容：

（1）电子基准点数据。

●观测数据：载波相位数据，卫星轨道信息（RINEX 文件夹）。

观测数据按以下的设置进行观察：

数据采样间隔：30s。

观测仰角：5 度。

观测时间：24 小时连续观测（0：00UT～24：00UT）。

相位数据：L1、L2 伪距和载波相位数据。

●提供期限：2007 年 4 月 1 日至现在。

●各种因素信息：点号码，电子基准点名称、所在地、RINEX 名称、接收机、天线的种类。

●数据的有无：确认指定的观测数据文件的有无。

从 1994 年 3 月 21 日到 2007 年 3 月 31 日的 RINEX 数据，由日本测量协会（公司）提供。详细的请看日本测量协会网页。

电子基准点的数据，公共测量也可以使用。

（2）电子基准点每日的坐标值。

●分析结果文件夹：地心坐标值（XYZ），纬度、经度、椭圆体高。

分析使用星历：IGS 最后星历。

更新间隔：大约 1 星期。

提供期限：2007 年 4 月 1 日至现在。

伴随分析所使用的卫星轨道精密星历的发布，分析结果在观测后大约 2 星期可以公布。

从 1996 年 3 月 21 日到 2007 年 3 月 31 日的"电子基准点单日的坐标值"，由日本测量协会（公司）提供。详细请查日本测量协会网页。

（3）IGS 精密星历。

IGS 提供的 GPS 卫星的精密轨道信息，大概 15 日以前的文件夹能下载。还有，IGS 精密星历从 IGS 的 WEB 网页也能下载。

（4）提供研究人员数据。

GEONET（GPS 连续观测系统）的数据、分析结果正在对研究人员公开。

对研究人员的数据提供处在设定阶段，基本用语的说明省略。

下列的文件夹，接受邮件的申请之后再提供。

按以下的样式，邮件的本文栏注解必要事项，向 gsi-data@gsi.go.jp 申请。利用者为学生，以指导教师的名字申请。

SINEX 文件夹　SINEX FORMAT（坐标、速度、地球旋转参数）

NEQ 文件夹　BERNESE NORMAL EQUATION（正规方程式）文件夹

SINEX TRO 文件夹　SINEX FORMAT（大气延迟量）

a 文件夹　从电子基准点设置 2 轴的倾斜合计得到的数据

南北、东西向的斜角、温度（容器箱内部）。

coordinates（F2）　根据现在的分析方法（F2）给出的每天的坐标值数据。

本年度部分国土地理院 WEB 发出，以前的数据可从日本测量协会（CD- ROM 提供）取得。

3. GPS 固定点

GPS 固定点是作为四等三角点的偏心点从 1996 年度到 2001 年度之前由国土地理院设置的 GPS 接收机进行连续观测的 GPS 站点。

作为"土地信息紧急整备事业"，为推动市区范围的土地调查而设置、土地调查以外的公共测量等也可使用。

GEONET 进行 GPS 的 24 连续小时观测、观测数据的集聚、分析处理和提供服务。

GPS 固定点与电子基准点一样进行 24 小时观测，且因为设置在市区近郊，实施测量工作用 1 台 2 级 GPS 接收机（单频接收机）可实施 GPS 测量。

由于 GPS 固定点以及其他 GPS 观测设备的使用，再加上可进行大范围测量，提高了工作效率。

电子基准点和 GPS 固定点相比，二者均能连续接收 GPS 卫星信号，但在其目的、构造上有不同，见下表。

电子基准点和 GPS 固定点比较表

名称	电子基准点	GPS 固定点
目的	地壳运动观测	为土地调查设置的基准点
功能	双频接收机	双频接收机
结构	5m 观测标墩（内设天线柱）	1.5m，房屋上架台，观测仪器在市内
点数	1233 点	78 点

4. 参与国际 GNSS 事业（IGS）

国土地理院参加国际 GNSS（Global Navigation Satellite System，指 GPS、GLONASS、伽利略、测位卫星系统的总称）事业，提供解算精密轨道信息（精密日历）所必要的观测数据和为求得国际地面参考系（ITRF）应进行的分析。

IGS 是以为支持大地测量学、地球物理学等研究活动，在各国有关机关共同努力合作下，以向世界各地的 GPS 研究人员、GLONASS、伽利略等提供信息为目的。

主要事业如下：

（1）在全世界构筑 GNSS 跟踪站网络，并进行连续观测。

（2）将观测数据集中到数据中心进行集中管理和提供。

（3）分析中心根据上述的观测数据生成和提供精密轨道星历、地球旋转参数、IGS 局的座标、速度等。

国土地理院一方面将筑波观测局（TSKB）以及国内 6 个局加入 IGS，并向 IGS 提供其观测数据，而且，还要进行将从 IGS 得到的观测数据、轨道信息向国内使用者提供的窗口业务。

另外，作为 IGS 地区准分析中心，还要分析日本和周边的 IGS 站（18 站）和国内观测站（3 站）的观测数据。其结果与其他机关的分析结果相结合，作为坐标系的基准予以公开。另外，南极的昭和基地也设立 GPS 观测站，把观测数据提供给 IGS。

5. 新的 GEONET

1）启动与应用

国土地理院从 1994 年 4 月为进行地震预测预防的需要，在作为强化观测地区的南关东、东海地区设置了 110 个 GPS 观测站，并开始运用监视强化观测地区内地壳形变的 GPS 连续观测系统。从 1994 年 10 月，又在强化观测地区以外的全国各地设置 100 个 GPS 观测站，这样一方面可掌握全国地壳运动状态，同时完善了以新大地基准点为主的全国 GPS 连续观测系统，并顺利地启动了全国的和强化观测地区的 GPS 系统。与此同时，全国 GPS 连续观测系统成功地详细地捕捉到伴随北海道东方近海地震、三陆远海地震、阪神地震产生的地震前后地壳运动的实态。

新 GPS 连续观测系统是由原来的系统和增设的 400 个 GPS 观测站（电子基准点），以及追加和扩展各种机能而形成 610 个点的 GPS 连续观测系统构成。据此构成高密度电子基准点网，可望更准确更详细地掌握日本全国土的地壳运动状态。

另外，在 GPS 观测站的天线架台上标上"电子基准点"牌子，基础混凝土部分分别镶嵌"电子基准点附属标"，为作为新的测量基准点作好准备。

2）新 GPS 连续观测系统构成

新系统是为利用 GPS 组成高精度大地测量网和监视地壳运动而建设的系统，它由接收从 GPS 卫星发射的电磁波的观测站和处理观测站取得的数据的中央局及东海基地局组成。观测站是由 GPS 天线、GPS 接收机及将观测数据利用公众线路网自动传输到中央局的无人职守的通讯设备构成。

中央数据中心由通信装置、分析装置、轨道决定装置、显示装置、数据管理装置、信息提供装置、监视装置及东海基地控制装置等组成，负责分析各观测站传输来的数据，算出大地坐标，在测量成果基础上监测出地壳运动的实态。

东海基地局是由通信装置、通信控制装置、分析和显示装置、卫星通信装置构成，它具有相当中央局的机能，是一个预防东海大地震的收集、分析、显示东海地区 GPS 观测数据、监视东海地区地壳运动实态的系统。

3）新 GPS 连续观测系统的特点

新系统的特点是①全自动化；②高速化；③省力化；④高信赖性；⑤扩张性等。

4）新系统的机能

在平时尤其是在地震紧急状态下，能迅速快捷地提供精密的数据，同时还应具有实时动态（RTK）机能和能与增设观测站等追加事项相对应。另外，为了地震预报和研究如何提高系统的性能，系统应具有在地震发生时能以 1 秒间隔确保观测数据的高速采样机能、自动测量天线标墩倾斜情况的天线架倾斜监视装置；还应附加有为监视和参观者用的大型显示装置、为应对观测强化地区电话线路不通时的卫星通信装置、作为长时间停电对策的发电机设备等各种机能。

四、取得的进展与成果

1. 提高了时间分辨

GPS 连续观测网观测地壳变化的最大特征是大大提高了时间分辨率。根据过去的测量方法，仅就日本全国地壳变化来讲，最低需 10 年，而应用 GPS，一般观测只需 1 天。换言之，就是可以看到每天的全国地壳变化。过去方法的测量需 100 年弄清楚日本列岛的地壳变化状况和构造，现仅仅用 1 年间 600 点 GPS 观测可以完成。

由于可观测到每天的地壳变化，则也可以捕捉到以日为单位的短期地壳变化。图 4-6 是 1996 年 5 月在房总半岛观测到的数日的地壳变化。在房总半岛最前端看到的向北西方向的水平变化是伴随房总半岛全域稳定地发生的菲律宾海板块俯冲时的地壳变化情况。而在 5 月中旬在中心区却观测到与此相反方向的向南东向水平变化。与 1923 年关东大地震相类似类的断层运动在板块边界发生，但却未发生相当的地震。根据过去的测量根本不可能观测出伴随缓慢地震的地壳变化即非地震性地壳变化，这次却首先在世界上成功观测到。

应用 GPS 连续观测开展的日本列岛地壳变化观测工作刚刚开始，但现已取得多项成果。目前，已基本建成 1000 个观测点。作为日本列岛测量网骨干的一等三角点大约 1000 点，GPS 观测网初具规模，达到一定水平。今后可望取得更丰富数据和成果。这些观测数据和研究成果均在日本国土地理院网址上（http：//www.gsi-mc.go.jp/）公布。

2. GPS 连续观测结果发现日本列岛的变形

GEONET 所取得的成果多方面的，首先是能正确且迅速地推定日本列岛大范围区域的地壳变化的全貌，为了了解日本列岛地区平均性动向，从明治时代到今天费时近 100 年时间，反复进行三角测量，GPS 仅用数年就得到三角测量百年期间的数据，数据质量还比其优良。而且还能连续地监视到地壳变化的长期性变化。由此观测结果可知日本列岛周围板块运动的态势，定量地弄清楚应变积累速度（图 4-5 和图 4-6），以这样的结果发现内陆应变集中带，并有利于开展阐明它和内陆地震发生之间关系的研究。

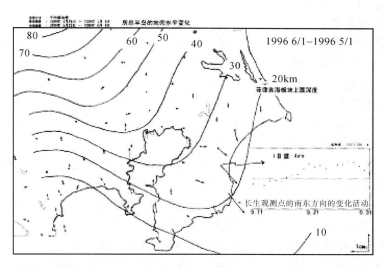

图 4-5　房总半岛的异常地壳变化（1996 年 5 月份的变化，固定点：茨城县八乡町）

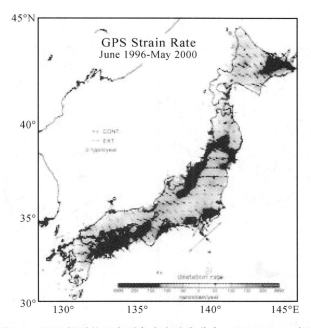

图 4-6　GPS 得到的日本列岛应变速度分布（1996～2000 年）
矢量符号表示应变速度主轴的大小和方向，颜色表示面积应变速度

3. 从 GEONET 观测资料发现十胜冲地震的断层模式和震后迟豫变化

2003 年 9 月 26 日发生 8 级十胜冲地震。伴随这次地震北海道全域发生了大范围的显著的地壳变化。国土地理院布设的 GPS 连续观测网系统观测到这一变化。同时在这次地震中还观测到地震后的迟豫性地壳变化。在地震经过两个月后，从 GEONET 观测确认了震源附近的襟棠岬附近的观测点缓慢向南东方向活动的迹象。一般认为，这种余效性地壳变化说明在震源区周围的断层有缓慢滑动现象。

4. 观测大的地壳变化

由于在地震发生的第二天（9 月 27 日）进行了观测，所以观测到的变化，被认为是伴随主震产生的。广尾观测点出现向东南 97cm 的水平变化，这是最近 10 年间 GPS 开始连续观测以来作为一次地震最大的变位量。

图 4-7 就是伴随 2003 年 9 月 26 日 8 级十胜冲地震时发生的地壳垂直变化。"大树 2"出现 28cm 的沉降，这也是这次的最大位移。从整体性变化形态分析，可以认为北西侧相对南东侧冲上逆断层引发的典型的板间地震。

图 4-8 是假设断层面为长方形的平面计算出的断层模式，据此推定襟棠岬东方近海存在约 90km 的矩形断层面，在断层面上的滑动量 5cm 左右，矩震级为 8.0。

如果地震断层是板块边界来看其形状，则可推定边界面上的滑动分布如图 4-9。在推定长方形的断层范围的内侧有最大的滑动范围，则在那里的陆侧板块相对海侧板块向南东向滑动 5m 以上。这样的模式与应用地壳变化观测值和模式计算值相当一致。

通过 GPS 连续观测，可把握大地震发生后数小时左右时间伴随地震发生的地壳变化状况，推定震源断层的位置。过去需数月到几年，现在在地震发生 1 日后即可得到。这对大地震发生时采取紧急对策是有作用的。

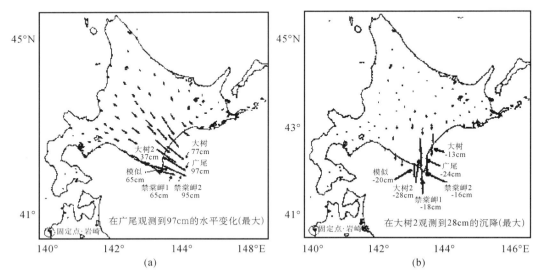

图 4-7　GPS 观测得到的伴随 2003 年十胜冲地震发生的水平（a）、垂直（b）地壳变化

5. 缓慢滑动释放 7.5 级的能量

在这次地震后，观测到了襟棠岬周围持续缓慢变化现象，确认"襟棠岬 1"观测点在地

震后1周间发生5cm以上的水平变化。变化方向大概与主震时变化方向一致，推定地震时滑动大的断层其后仍持续缓慢滑动。

从时序列可看到变化过程，如图4-10。南北分量持续南向变动，东西分量持续东向变动。从这样的地壳变化推定出的板块边界面主震后的滑动情况，如图4-11。余效滑动范围似乎从主震时滑动范围向外侧扩展，余效滑动范围几乎与余震区范围相重叠。这一缓慢的断层滑动在地震后3周间的积累，相当于释放$M_w7.5$地震的能量。

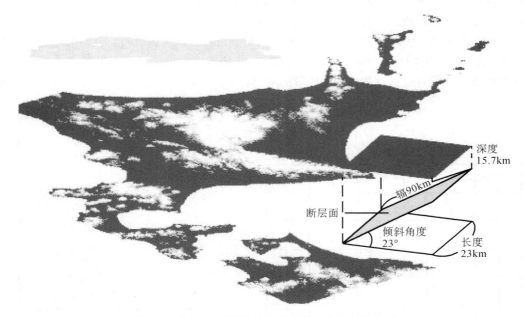

图4-8　从 GPS 观测的地壳变化推定出的断层模型

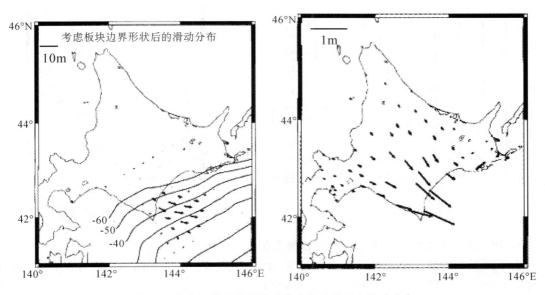

图4-9　考虑板块边界形状后推定的边界面上滑动分布

6. 发现非地震性滑动（蠕滑）现象

作为 GPS 连续观测的成果，很重要的是发现非地震性滑动（蠕滑）这一新的现象。一般地说，断层高速破裂发出地震波，而断层极其缓慢活动不易发生地震波，地震仪也无法监测出来。即使在这种场合，由于地壳发生变形，应用 GPS 精密性观测仍然监测出形变信号。这样的事例在房总半岛冲、丰后水道、滨名湖周围等都发现过。滨名湖周围的事件信号现在仍在持续着。非地震性滑动的发现，特别深化理解板块边界应力积累、释放问题，对地震时释放出的能量与板块运动预测的量相比过小的问题给出合理解释。目前，发生这种非地震性滑动场所的特征和大地震之间的关系进行深入研究。

非地震性滑动的意义不仅仅是发现了新的现象。过去，在地震观测与大地测量之间存在应用各自方法无法覆盖的频带（时常数 1 日左右），非地震性滑动恰好是在其频带内发生的，通过 GPS 的普及，填补过去观测不到的频带的空缺，可以说，近乎它完全成为监视地球的眼镜。

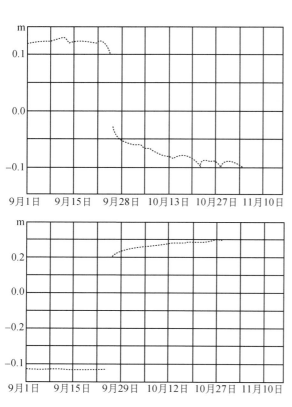

图 4-10 襟棠岬观测点水平位置的时序列

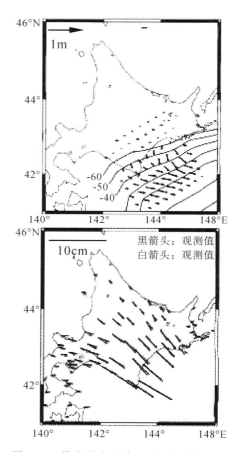

图 4-11 推定的十胜冲地震后板块间滑动

7. GPS 观测网监测出东海地区异常地壳变化

由于预报东海地区未来将发生 8 级大震，故对东海地区的各种因素变化特别关注。国土地理院 GPS 全国观测网（GEONET）对日本列岛进行地壳变化观测。图 4-12 给出包括东海地区在内的西南日本 200 年前后三年间平均地壳变化速度矢量。

因板块运动是定常的，GPS 观测点位置大致随时间呈直线运动的。其原因未必清楚，但可以看出季节性变化。

从观测点位置的时间序列，除去直线性和季节变化的分量，则可以监测出偏离一般变化活动倾向的差别即特异性变化，图 4-13 表示的就是位于浜名湖正北的浜北观测点的 GPS 数据进行处理得到的位置的时间序列图形。从 1997 年到 2000 年初没有变化，都是正常序列。

从 2000 年 6 月开始出现急剧的东西分量向东、南北分量向南变化即朝南东方向活动。

一般认为这是伴随三宅岛喷火和神津岛、新岛近海的群发地震活动时的地壳变化引起的。到 2000 年底时，这种趋势逐渐平静。然而从 2001 年 3 月开始，又开始向东南方向运动。垂直分量精度差，但也能看到有稍微隆起的倾向。

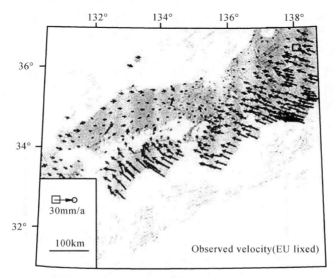

图 4-12　包括东海地区在内的西南日本 200 年前后三年间平均地壳变化速度矢量

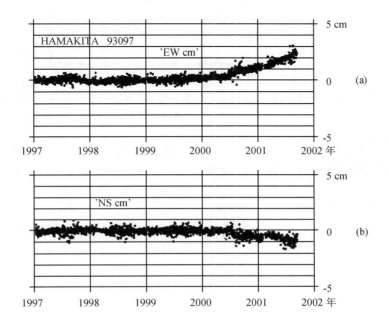

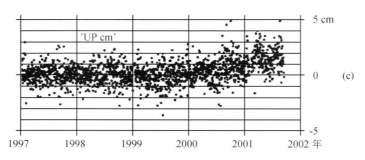

图 4-13　浜北 GPS 观测点位置的变化浜北 GPS 观测点的位置

（a）东西分量、（b）南北分量、（c）纵轴：cm、横轴：年

　　这种特异性变化不仅在浜北观测点而且在包含东海地区在内的广大范围出现。图 4-14 是 2001 年 3 月 26 日至 9 月 11 日地壳变化矢量图。

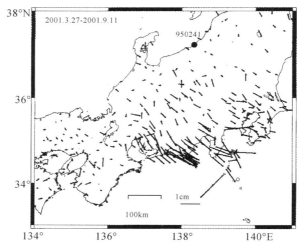

图 4-14　除去定常性和季节性变化后的水平地壳变化矢量图

（2001 年 3 月 27 日至 9 月 11 日）

　　从 3 月到 9 月，包含东海地区在内的广大范围出现 1cm 左右的南东向运动。东海地区的矢量与其他地区相比，有相当大的位移量。由此可以认为这的确是发生了地壳变化。

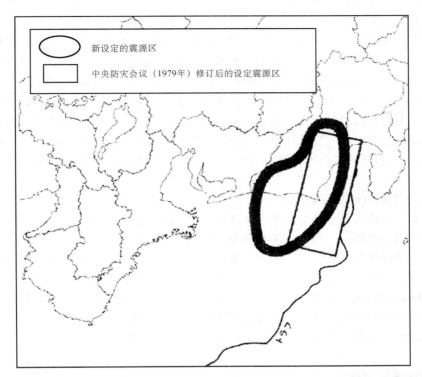

新设定的震源区

中央防灾会议（1979年）修订后的设定震源区

图 4-15　日本中央防灾会议根据 GPS 和其他观测数据重新修订的设定未来东海大震震源区

五、GPS 应用范围十分广泛

这里主要讲充分利用 GPS 测量的优势，尤其是 GPS 测量在阪神大震灾的恢复中起的作用的应用事例。

1. 震灾区的地壳变动测量

地震后对全国 GPS 连续观测网中的近畿地区周围的 18 个站的资料进行分析，并测定各 GPS 观测站的座标变化，结果得知灾区的地基变动详细情况，并据此变化推断出自北东向西南延伸的断层（六甲断层系等）的右错现象，等等。

2. 通过测量观测地基变位

由于摄影测量可以求得任意地点的准坐标，所以利用地震前后的空中摄影可测定局域性地基变形。这种方法在日本新潟地震以后就应用这种方法测量地基位移了。

为进行写摄影量则需要标定，进而也需要求出基准点（标定点）的坐标。在地震前进行空中摄影时，由于已有现成的大比例尺地形图，读取坐标是可能的。但地震后，由于地基位移则不可利用它了。

亚洲航测株式会社以西宫市一部分为对象进行空中摄影，据此测定地基位移，此时是以国土地理院的临时电子基准点为基准站实施 GPS 标定点测量，使其过程提高效率。

3. 观测阪神高速公路桥墩位置的位移

1995 年的阪神地震，使阪神高速公路遭受到高架桥部分的倒损等严重破坏，为了恢复高速公路，使倒坏部分恢复到原来程度，所以对高速公路的所有桥墩必须首先进行位置是否错动和错动量多大等安全性调查。

公共汽车公司有效的利用 GPS 进行桥墩位置的测定。桥墩位移不是采取和设计时图面位置进行比较求出的方法，而是根据公共座标系测定地震后的位置，为此，在基准点测量时利用了 GPS 测量。但是，由于桥脚周围地上部分有高速公路的高架路基路面和高层建筑物，使 GPS 电磁波的天空受到限制，在地上设置直接基准点是不可能的，因此，在 GPS 测量时，采取在宽敞的高速公路上设置基准点，通过总站在地面上设流动基准点的方法。

在市区街道进行 GPS 测量因电磁波接收原因是困难的。但这次是采取高层建筑物上设置 GPS 接收机，和总站组合进行测量的方式。这种方式的尝试可作为今后市区 GPS 测量的参考。

4. 新填海土地的地基变动观测

为监视港口岛屿新填土地的地基变动状况，1993 年起每月 1 次的频率用 GPS 短缩静电方式进行三维变动的测定。另外，测定新填土地内的相对性变动为主要目的，因此，基准站设置在岛内，采取该基准站和本土的国家基准点联合的方式，GPS 测量为不定期的。

1995 年兵库地震时，首先实施紧急 GPS 测量，及时快速获得以岛内基准站为不动点场合的新填土地的相对性三维变动情况。国土地理院的基准点观测结束之后，用测定结果修正公共坐标，和地震前坐标相比，可正确求出新填土地的地基变动。

即使在以相对测位为主要目的的场合，这次测量中也认识到一定要确保和公共坐标的整合的重要性。

5. 港湾的深浅测量

为了早期恢复被地震影响的港湾，不仅对护岸等进行修复，而且需要实施港湾的深浅测量，调查航路等的海底地形的变化情况。

深浅测量通常是以测量船的船位测量和离船的水深测定相组合的方式进行。神户港的船位测量利用 GPS 海图标点引导测位。近年来，海洋工程测量中的船位测量也利用了 GPS 测量方法。基准站设在防波堤上，接收站移在测量船上，实施连续 7 小时以上的观测。

6. 构造物变位测定

日本建设公司各分公司为掌握本社内各施工物件、构造物的受地震破坏状况，为了测定构造物的变位情况，也实施了 GPS 基准点的工程测量。

三井建设公司在地震后，由于要进行 GPS 静态干涉测量，从受灾区周围的三角点、基准点位置，到施工现场设置 6 个三维基准点，其范围东西 20km，南北 10km，共测量三天，测定出现场场地形状的位移、构造物的位移等结果。这些成果都被利用于绘作恢复事业计划的平面图、剖面图。

7. 日本开始进行 GPS 摄影测量实验

日本目前正在着手开发在摄影机上附加 GPS 单点测量功能的 GPS 摄影测量的开发实验工作。通过 GPS 摄影，在照片上可以记录到摄影位置的详细坐标、摄影仰角等。单点测量方式位置精度低，但由于能掌握摄影场所，特别是能有效的整理大量的照片，可为今后利用这些资料，并以地形图为基础图，进行摄影画面检索系统的开发作好准备。

六、今后展望与问题

GEONET 的数据按 1s 间隔取得，并实时传输的，但要处理这样的数据，可计测出地震波产生的摇晃（GPS 地震仪）。这样的观测方法存在各种潜在的应用可能，但主要解决精度和即时性的问题。

GPS 日坐标值的精度在水平方向可达 1mm 左右，而垂直向差 1 个数量级。质量差是现状。将测定分辨力改进或再提高有困难。希望它和深井应变仪等更精密测定法并用进行观测。

GPS 出现之前，担任地壳变化观测主要角色的三角点和水准点，在目前仍在使用，虽然精度稍差，但已积累 100 年以上的地壳变化的信息。在考虑今后 GPS 观测时，重要的问题是考虑如何保持其观测的连续性。GEONET 观测点在 2003 年前后进行天线更换，而以此为界，出现坐标值最大数 cm 的差别。这不是地壳变化，而是观测仪器交换时人为的差别。为使它不出现这样差别，如何解决是个问题。若考虑大地震是在从数十年到数万年的长期间孕育的情况，不言而喻，取得尽可能长期的连续性信息是最重要的。

这样，GPS 连续观测给人类带来许多重要知识和发现，今后也是地震调查研究必不可少的。但观测的持续性仍存在许多问题。

GPS 地壳变化连续观测点——电子基准点。

国土地理院正在布设由现有三角点、水准点和利用 GPS 的"电子基准点"组成的新大地测量基准点网。电子基准站担负作为测量基准点的作用和连续观测地壳变化的作用。照片是电子基准点的全景。接收、存储、发射从 GPS 卫星的轨道信息的系统是一体化的。在地上 5m 不锈钢式柱形体顶端的天线由整流罩保护着。接收、存储、发射装置组装在柱体内。接收卫星电磁波，上空应始终开放的。因此，电子基准点主要布设在学校校院、公园等开阔空间的公共设施地方。1994 年 4 月在关东、东海地区布设 110 点，1997 年 4 月在日本全国已设置 890 个点，并开始观测。

图 4-16　1996 年成立的国土地理院测地观测中心的宇宙测地馆 GPS "日本列岛地壳变化"研究

第五章　海底电缆式巨震综合观测网（Hai-net）

一、建网规划

1. 定位

从理论上说，用陆域高灵敏度地震观测网监测海域地震活动，由于离震源远，加之地震波要通过复杂的构造后才能到达，无法高精度的确定震源深度等情况。因此，需要在海底布设地震仪。在设置海底地震仪时，应充分利用已有的系统，同时根据观测基础性调查实际情况，在主要海域中逐步选定合适地点布设宽频带、大动态范围的电缆式地震观测系统，同时布设海啸仪等设备。

2. 目标

1）海底地震综合观测的重要意义

对海沟型巨震震源区的海底进行实时观测是十分必要的。

在菲律宾海洋板块东海冲至日本九州西南部俯冲形成的洼地地形的南海大海沟周围，8级海沟型巨震的复发周期约为100～150年。此海域最近一次的巨震是1944年的东南海地震和1946年的南海地震。60余年过去了，根据政府地震调查委员会的评价，今后30年内发生巨震概率在东南海海域是60％，在南海海域是50％。为应对这些地震的发生，在设定的震源区海域，建设观测系统成为一项紧急任务。

该项目是日本文部科学省设立的"地震、海啸观测监视系统的建设"研究项目的一部分，以海洋研究开发机构为主进行实施。其目标是以1944年东南海海域地震的震源区位置的纪伊半岛冲熊野滩为中心，依托尖端海底观测技术，构筑高密度、实时观测的"海底网络系统"（图5-1），开发地震预测模型，提高防震减灾能力。

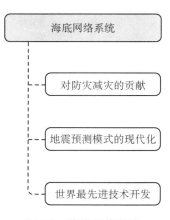

图 5-1　海底网络系统

2）海底网络系统的关键技术

以前的海洋地震仪器一般为自浮或锚标式，读取数据需要把观测仪器从海底打捞出来，观测系统不具备在深海底实现多个测点、同一时间、实时观测网络化监测能力。为了实现对巨型海沟地震和海啸早期监测，能够在海底布设实现长期观测所需的供电系统和光数据传输技术，海底部署设备作业使用的潜水机器人（包括其控制系统），海底地震预测模型开发和完善是整个系统的关键。

3）海底网络系统的部署计划

从 2006～2009 年，在预测发生东南海地震的震源区的纪伊半岛冲熊野滩海底布设了（图 5-2）20 个观测点。各观测点以高精度的地震仪、水压仪（海啸仪）等构成，全部观测点通过海底电缆连接，计划 2010 年度起开展广域、精度高的连续观测。从 2010 年起，在纪伊半岛潮岬冲海底将开始构筑新的海底网络。

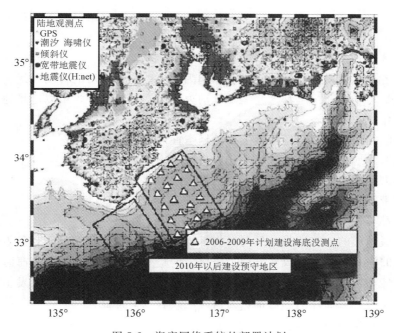

图 5-2　海底网络系统的部署计划

4）熊野滩底网络系统海底部署计划（图 5-3）

为了提高观测精度，观测点采用面网状布局，海底电缆通过陆地站高密度连接，供电和数据传输也通过陆地站进行，陆地站取得数据后传输到海洋研究开发机构与相关单位。

5）板块间地壳深部研究的作用

研究日本列岛整体的地震危险性、可能性，海沟区是不可缺的重要的观测地区。海域地震观测不仅填补了日本周边海域发生巨大地震的观测空白区，对掌握海域地震活动方面也有重要的意义。通过海底电缆式地震仪可取得的长期连续的数据，可以获得地震发生区的实时观测数据，对提高海域发生地震监测精度，掌握海啸发生过程和海啸传播形态，海啸的早期监测和准确预报海啸到达时刻都有非常重要作用。同时，海洋观测网络对板块间地壳深部的

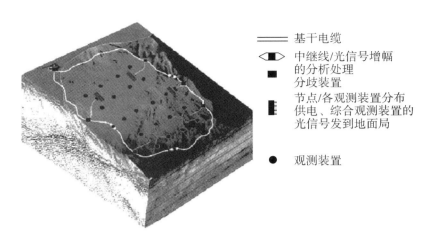

基干电缆

中继线/光信号增幅
的分析处理
分歧装置

节点/各观测装置分布
供电、综合观测装置的
光信号发到地面局

观测装置

图 5-3　熊野滩底网络系统海底布局

地壳调查也十分重要。

　　海底各种各样大规模地壳活动几乎全部起因于地球内部物质的移动和运动。研究清楚全球尺度的地壳活动场，通过解释地壳运动原动力的海洋板块运动，可以定量地评价地震活动和地球内部变化。

　　地幔活动的结果表现在海底构造上，已经掌握的构造体体系有：

　　（1）形成海洋地壳并在发展着的大洋中央海岭。

　　（2）中部太平洋地区所看到的热点和巨大火成岩体。

　　（3）沉降带等。

　　所有这些都可视为是系列性现象。

　　为阐明海底地震的动态行为，只对海沟带板块收敛区进行观测和研究是不够的，探讨和追踪海洋板块的演变过程（生成、发展、进化、消亡）是不可缺少的。南海海沟是研究地震震源机制的最佳场所。世界许多科学家非常关注。特别是对预测近期可能发生地震，对重点区域重要地震发生可能性评估。通常认为南海沟具有以下特征：

　　（1）记录了重复的历史。

　　（2）最新的地震数据很丰富。

　　（3）接近陆地，容易进行观测。

　　（4）地震发生的重现性沿海沟依序发生。

　　海沟地震已成为伴随板块俯冲发生巨大地震的典型场。海沟地震机理的研究是目前地球科学中最重要的热门课题。海洋科学技术中心（JAMSTEC）在南海海沟已制定共同观测计划，开展物理调查观测、潜水调查船、遥控海底观察，建立地震观测台和挖掘机等观测调查、研究。计划用日本制造的挖掘船接近深震震源区进行调查观测。

　　近十几年来，在海底相继发生了日本海中部地震（1983）、北海道南西冲地震（1993）、北海道东方冲地震（1994）等震源为7～8级的巨大地震。电缆式观测系统首先由气象厅于1978年在御前崎设置，以后有多个部门相继在从房总冲、初岛冲、相模湾伊豆东方冲、伊豆冲、相模湾、量石冲等架设（图5-4）。海洋科学技术中心最近又在高知县室户岬冲建设海底地震观测系统，完全填补了四国、关西方面的海侧的观测空白区。应用陆域观测网和海底地震观测系统等，则可弄清楚有关海沟型巨大地震震源区的板块部应变、弱线位置、应力分布和地震发生场。

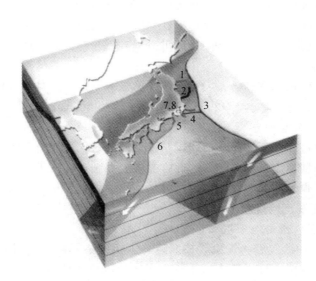

图5-4　日本近海捕捉巨大地震的电缆式观测系统
1～8电缆观测系统分别为：1.三陆冲；2.福岛冲；3.房冲胜浦冲；4.相模
湾；5.御前崎冲；6.室户冲；7、8.伊豆/初岛冲

　　应用海底地震探查专用船"瑰丽"号上搭载的声波反射法探查系统，对日本海沟、日本海东缘等日本周边海沟进行横断调查。在海沟洋面调查地幔上部或研究向日本列岛下俯冲板块到地下20km左右地幔上面的深部构造情况。

　　应用地震波研究地壳、地幔等构造的方法叫地震探查。在开展地震探查时，必须要有记录发生地震波的震源和地震波在地壳内传播又返回的地震波的接收器。信号源有使用天然地震的方法和应用气枪等控制震源的方法。在震源和接收器距离较近时，要选择实验场址合和震源与接收器有一定距离的地点。前者常使用的接收器是水下声纳，对船尾发射的反射波进行收集探查。海底地震仪是在玻璃球中装上传感器、记录器等，安装锚，自由下落设置在海底，观测后切断锚再浮上来。

　　"瑰丽"号考察船于1996年下水，在日本海域按照计划分布图进行作业。该船配置有水下声纳接收装置（长3km的水下声波发射装置连接），气枪，10000m的线控潜水机械装置，船内驳口，用电缆与陆上观测中心相连的海底地震、海啸观测装置等。总共部署海底电缆总长100～200km，前端台站的结构框架大约2～3m³，布设的位置主要是多个海洋板块向日本周边俯冲的预计位置。此外，该船上还配备了海洋科学技术中心的深海视频装置，这是世界上首个能观察海底生物活动视频系统。

3. 地震观测计划对海域调查观测的计划要求

　　约80％的巨大地震发生在海沟区，目前地震灾害中的地震约一半发生在海域。为了解海域地震发生场，除开展海底地震仪综合观测和进行不可缺少的海底地形、地质构造、地磁、重力等海域基础调查外，还必须在弧岛进行验潮及人造卫星激光测距观测等海洋各种科学调查。

在过去，确定海底地形、地质构造在海洋中的准确位置是很困难的，音波指向性技术较低，海底地形的掌握远比陆地的图像解析度低。随着电子技术的发展和GPS的登场，在海域也能得到近似陆地图像解析度的海底地形。如近年的航空摄影就可以获得完全掌握海底面细微起伏和硬度等海底音波反射强度画像，可以得到可与陆地相比的判读变动地形。

1）海底地震观测

海底地震观测，要选择宽频带、大动态范围的观测系统。另外，在海底布设地震仪，其电缆式系统中还要并设海啸仪。

2）海域地形、活断层调查

今后，包括板块边界在内的海域活断层与陆域活断层同样在有可能反复活动，地形、活断层调查对于研究海域地震是有效的。因此，需要开展精密海底地形变调查、超声波海底面起伏调查和高分辨率弹性波调查（人工发生弹性波以掌握地下构造的方法）。

4. 日本海底地震观测网现状

1）日本海底地震仪研制和观测现状

（1）1968年十胜冲地震后，气象厅按照运输大臣的指示，通过日本气象协会从船舶振动会接受经济援助，开始进行线外式的浮标式海底地震仪的研制和试验工作，并于1968年研制出海底地震仪，它可以在磁带上记录33天的地震波垂直向1个分量（放大倍数3step）。

（2）试验工作研制出海底地震仪之后，于1968年、1969年和1970年在相模湾的三个地方进行铺设、回收和试验观测。

（3）正式铺设和投入观测：

①调查在1974～1978年日本第3个地震预报计划中，已明确决定由气象厅地震火山部负责研制海底地震仪系统。在1974年选定铺设路线，并于1975年（两次）和1977年进行了三次海洋、海底地形、电缆铺设试验等调查，基本调查了海域的基岩、砂层、潮流速度等情况。为今后铺设提供数据。

②铺设试验于1976年秋、1977年先后进行了两次铺设预演，试验得到铺设地点情况，海上作业时间，地震仪等装置软着底设置位置确认方法，海底微震活动等，还解决铺设方法（船尾铺设等）。

③正式铺设作业于1978年7月13日至8月7日，选择合适的天气，在设备制造厂家配合下，在御前崎南南东110km、水深2200m处进行正式设备部署。布设作业分近海一侧和陆地一侧两个步骤进行。8月7日，4个点的海底地震仪观测网铺设完工。1979年2月建成了御前崎—东京间有线传输线路和处理装置。1979年4月海底地震仪系统实时联机式工作正式开始直至现在。正式工作后管理由气象厅地震部负责（图5-5）。

（4）列入国家计划正常开展研制和观测研究工作。从1974年第3个地震预报五年计划开始，海洋地震研究正式列入国家计划，正常开展海底地震仪研制和观测研究至今，列入1999年地震调查研究政府经费预算计划中有关海洋地震研究专题有：

图 5-5　海底地震仪与设置铺设作业

①海底下深部构造开拓研究（科技厅研究开发局等负责，33500 万日元）。

②初岛海底观测系统的运作（研究开发局，170 万日元）。

③关东和东海地区地壳活动研究（科技厅防灾科学技术研究所，6600 万日元）。

④海底大地测量基准点建设所需的技术开发（海上保安厅，600 万日元）。

⑤东海地区等常规监视体制的完善、维护和运营（气象厅负责，16800 万日元）。

⑥海洋底扩张研究（科技厅研究开发局，14000 万日元）。

⑦"推进海洋大地测量"（海上保安厅，9700 万日元）。

2）国际研究现状

20 世纪 50 年代，日内瓦专家会议探讨地下核爆炸的监测问题，为了在公海上接近距离观测被监测国进行，海底地震仪就是其中考虑的方法之一。美国的地震专家得到大量资金支持，并制造出两种海底地震仪：一种是德克萨斯仪器公司制造的，造价昂贵，一台要 4 万美元，曾于 1966 年在千岛群岛到堪察加近海（苏联近海）安装 18 台进行 3 次观测；二是斯克普利斯海洋研究所研制的，主要监测海底脉动。1972 年美国俄勒岗州立大学研制成功自落式记录海底地震仪，长 0.914m、高 0.457m、重 11.4kg。美国空军剑桥实验室和德克萨斯仪器公司等研制三代海底地震仪，第一代下沉 1 万英尺，时间 8 小时；第二代是 2 万英尺，时间 11 小时，第三代是 2.4 万英尺，30～40 天。三代仪器均能放在直径 1m 的球形容器内。1987 年美国海军局资助研制新一代海底地震仪，目前已有几十台投入观测。

1969 年日本东京大学地震研究所开始研制（岸上教授）的锚标式地震仪，耗资数千万日元，南云等人在三陆近海大陆架斜坡上进行观测，碰巧监测到了认为可能是十胜近海地震的前震震群。

1966 年苏联莫斯科大学研制的海底地震仪,在印度洋进行观测,并取得印度洋中央海岸发生的小地震发生在海底的两平行岭的峡谷里的重要结论。

英国海洋研究所研制了自浮式地震仪,用于研究海岭地震活动性。

以上都是密封式海底地震仪。

1965 年夏威夷大学的 SUTTON 等人用电缆式地震仪在加州近海 180km、水深 4000m 处进行观测。

莫斯科大学曾研制重约 150kg 放在 20cm 直径容器的海底地震仪,曾在印度洋观测过;苏联地球物理所、海洋所也研制了海底地震仪。

3)海洋地震观测方式

(1)电缆、浮标和通讯卫星结合。

在深海底进行地震观测与陆地上观测不同。研制什么样的海底地震仪和以什么方式进行观测才能达到科研目标,是必须考虑的问题。选择采取与观测和研究目的相适应的方式是战术上的重要问题,采取电缆、大型浮标和通讯卫星的实时处理观测网,如果能以适当密度覆盖某一地区,成为比较有力的手段(图 5-6)。

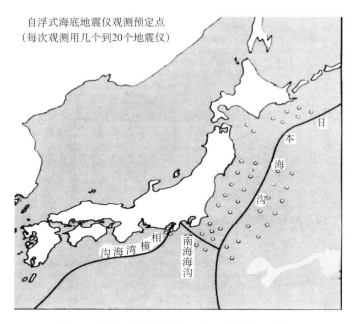

图 5-6   早期浮标式海底地震观测系统预设情况

电缆式观测系统首先是由气象厅于 1978 年开始在御前崎设置,以后又由许多部门先后在从房总冲、初岛冲、相模湾伊豆半岛东方冲、平琢冲到伊豆冲(相模湾)和釜石冲等架设。海洋科学技术中心又在高知县室户岬冲建设了海底地震观测系统,这样加上科技厅在四国等地近海设置的海底地震观测系统。至此,海底地震观测覆盖了全日本列岛从北到南所有近海域。截至 1997 年共建设了 7 个系统。

美国铺设海底地震仪采用联机式，其观测方式是把仪器集中在电缆末端；而日本海底地震仪系统在电缆末端安装，并在中途海域也铺设，是台阵式系统，它可以对地震进行多点观测，综合性能高。

（2）系统组成。

台阵式系统设计：在海底设置地震仪传感器，通过电缆与海面浮标构成有线传输线路，再用人造卫星作小型中转台，通过无线电把信号从浮标传输到岸边中枢台。因此，该系统大致分为海底和陆地两部分装置及台站中心设备（图 5-7）。

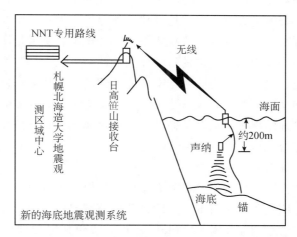

图 5-7　用电缆和陆上台阵连接起来的海底地震、海啸观测设置系统

海底部分装置由密封容纳地震仪及其传输系统的中间点装置 3 个，加上海啸仪组成大型设置的末端装置 1 个，以及向上述装置提供电力和传输信号的海底同轴电缆约 160km 所组成。

陆地部分装置由海岸中继台装置和中心装置两部分组成。海岸中继台装置（设在御前崎和胜浦）的海底部分由接收调解装置、供电装置、监控记录仪、地面有线传输发信装置，以及附属设备所组成。中心设备（设在东京气象厅地震部）由地面有线传输收发装置、地震波分析仪等系统自动处理装置、磁带记录器、可视监视记录器等组成。

（3）自浮式和锚标式。

内装记录装置的密封式海底地震仪观测方式分为自浮式和绳缆与海面浮标连接的锚标式。自浮式在投放、呼叫、发现和回收以及海底条件差等方面存在严重问题。锚标式可与海底露岩结合，精度高，但在技术上仍达不到观测水平要求。

目前主要的观测方式是自浮式，地震仪是从船上投放，投到海底平面场地上作为设置点，但终因海底多覆盖未固结的沉积物，等于将地震仪设置在泥潭中，对观测精度十分不利，只有设置在选择适当的海底露岩上，才可以取得良好记录。

（4）固定式和临时方式。

固定式就是设置固定的海底地震观测台网系统，目前日本在御前崎、胜浦等地设置的电缆式海底地震仪就属于这种观测方式，不过这种方式需巨额经费和时间支持。

临时方式就是设置临时的流动观测。日本在从北海道到四国九州布置的 9 个海底地震仪观测就属于这种方式。

（5）其他方式。

①海洋探测船和潜水艇调查研究。

日本海洋科学研究中心拥有海洋研究船"未来"号、"瑰丽"号、"海洋"号，有人潜水艇"深海 2000"号、"深海 6500"号，无人潜水艇"海豚 3000"号、"海沟"号等世界上有限的调查研究用船舶，充分利用这些船舶，开展海底地震仪、多道音波探查装置、船上重力仪、质力磁力仪、三分量磁力仪、放射能测定器、地壳热流量测量器等进行调查观测研究。同时应用海底地缆式综合地震观测系统（地震仪、海啸仪、视频等）对海底长期监视，用计算机处理观测数据，进行地壳活动的大规模数值实验和模拟。这就是所谓的用于解释大地震发生机理的监测、数据、模拟三位一体的研究体制。

板块运动不是稳定、均匀的，在时空均有变化和摆动，板块运动的时空性摆动是受引发内陆地震的应力场的摆动所支配的，也就是说，不但是为了研究预测海域地震，陆域地震的预测研究也都需要准确地掌握板块运动的搬动，所以对海域的观测研究是必不可少的，陆域和海域二者研究必须综合进行。

②新锐测量船"昭洋"。

第一代测量船"昭洋"在发现第一鹿岛海山向日本海沟沉降等自然现象的过程中，对地球科学作出许多贡献。刚服役 3 个月的新"昭洋"曾搭载着以高分辨率（800 倍）的音波反射成像系统对海底进行考察（最大幅度 20km）。该系统包括宽带剖面扫描声波定位仪、大容量氯枪（130 公升）、120 波道光纤电缆水听器和等几种观测设备，可以探测到海底下数公里的地壳构造。新"昭洋"的使用，可以进一步了解海域地震发生震源场区情况。

③日本东北近海的地形变观测。

作为国际深海钻探计划 ODP（Ocean Drilling Program）的一项内容，日本于 1999 年6～8月，用深海研究钻探船开挖东北冲海底，在地壳中设置观测仪器的台站，由日本东京大学与美国卡内基研究所等开展共同研究。

在三陆冲从北纬 38°～41°之间，过去 30 年间发生震级 7 级左右的三陆远海地震等 7 次，沿东经 143°20′，北纬 39°的南与北间隔 50km、日本海沟两侧水深 2600m 和 2250m 的两地方从海底掘削 1.2km，北侧是地震频发地区，南侧为地震不活跃地区。掘削孔内放入应变仪、倾斜仪、地震仪，在其正下方 10km 处是俯冲板块的边界。

④深海地球钻探计划（图 5-8）。

海洋科学技术中心制定的 ODZ1（深海地球钻探计划），将研制先进的具有升降器钻探设备的地球深部探查船，其目标是可以钻探到海底数千米处的地震带，即钻探进入视为巨大地震发生源的两个板块结合处（例如东海冲的菲律宾海板块和欧亚板块相接处），获取第一手试样，研究人员可直接看到海底下的情况。另外，通过设置在钻探孔内的观测仪器，研究板块间结合状态，为研究地震发生机制提供有力的直接信息。

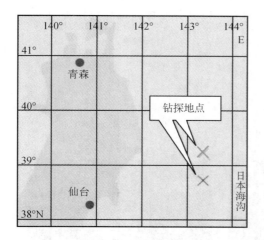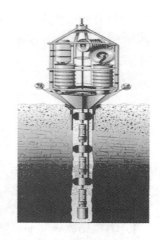

图 5-8　钻探地点与设置在海底钻探孔内对地震带进行长期观测的示意图

应用先进的具有升降式钻探装置探查船，开展地球深部研究的构想（也称为板块俯冲和地震发生过程的研究），是在 1997 年一次国际会议上提出并讨论的项目。研究内容为：

a. 通过测定钻探地震震源区带得到的试样，研究地震震源区带岩石的物理特性，即岩石表面、地震 P 波（纵波）、S 波（横波）的传播速度等。

b. 采到试样后，通过测定钻探孔内试样等，弄清楚震源区带地层内的状态，即地层内存在的间隙水压力、流向、化学成分和地层本身的应力等。

c. 钻探孔内安置长期测量用观测仪器，并进行监测，加上其他研究得到钻探孔内的状态的物理参数，了解其参数的时间变化。

通过 a 和 b 项研究，积累了大量资料，c 项研究可得到地震发生过程中，震后和震前震区带的温度、压力、间隙流体成分、应变、应力的变化，以及这些变化和地震区带的物理特性、化学特性与地震发生过程的关系（图 5-9）。

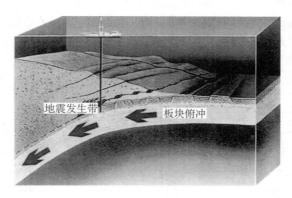

图 5-9　从朝向发生地震的板块边界附近海底进行钻探的地球深部探查船（板块俯冲）

ODZ1 是 ODP 的后续项目，是国际研究项目中的一个重要项目，于 2003 年开始。当前，深海钻探以美国为主，通过 ODP 项目实施。2003 年 ODP 结束，2003 年以后，美国

ODP 后续项目开始。ODP 现有 20 个国家参加，IODP 将会有更多国家参加，日本是地震最多的国家之一，将争取作为 IODP 的主要国家，以充分发挥地球深部探查船（图 5-10）的作用，以取得更多研究成果。

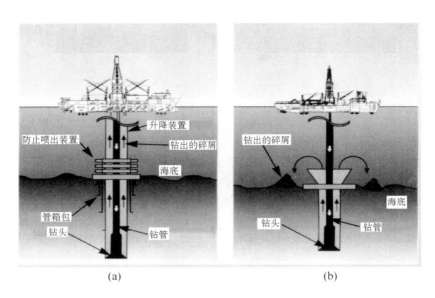

图 5-10　现在和过去升降器钻探装置的比较
（a）带升降钻探装置的地球深部探查船；（b）不带升降钻探装置的钻探船

二、日本海底地震观测系统

1. 20 世纪 70 年代末至 90 年代初的 3 个海底地震观测系统

1）御前崎海底地震综合观测系统（日本第一个海底地震观测系统——台阵系统）

日本地震观测是由日本气象厅和几个大学负责的，其观测点密度之高，在世界上也是首屈一指的。遗憾的是这些观测设施都布设在陆地上。而对于日本来说，大多数地震发生在太平洋一侧的海底，尤其巨大地震多发生在海沟附近。因此，仅依靠陆地台站观测地震，显然有很大局限性，必须在海底进行地震观测（表 5-1）。

表 5-1　御前崎近海海底地震仪观测系统参数

点名	东经	西经	深度/m
OBS1	137°35′	33°46′	2202
OBS2	137°45′	33°57′	1542
OBS3	137°58′	34°10′	817
OBS4	137°52′	34°23′	722

通过长期努力，日本气象厅研制出海底地震仪，并于 1978 年在御前崎近海布设了四个测点，地震仪布设的海水深度分别为 722、817、1542 和 2202m，最远的一点离御前崎约100km。海底电缆将记录传送到陆地，再通过专用电话线路传输到东京气象厅。如此以来，

大大提高了东海地区的地震监视能力和观测精度，甚至连海底发生微小的地震也能监测到（图 5-11）。

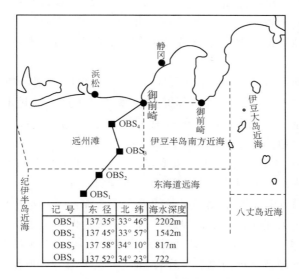

记 号	东 径	北 纬	海水深度
OBS₁	137 35′	33° 46′	2202m
OBS₂	137 45′	33° 57′	1542m
OBS₃	137 58′	34° 10′	817m
OBS₄	137 52′	34° 23′	722

图 5-11　御前崎近海海底地震仪观测系统

2）胜浦海底地震观测系统（日本第二个海底地震观测系统）

为了进一步加强重点地区之一的南关东地区的地震与海啸的观测，日本在御前崎市建立海底地震仪观测网之后，1985 年 8 月 27 日至 9 月 26 日，气象厅于在房总半岛东南近海的相模海沟的海底又布设了一个新的海底地震仪观测系统（图 5-12）。这个系统的完成，加上御前崎海底地震仪观测系统的建立，对东海地区和南关东地区的地震监视预报乃至世界海洋地震研究都起到了重要的促进作用。

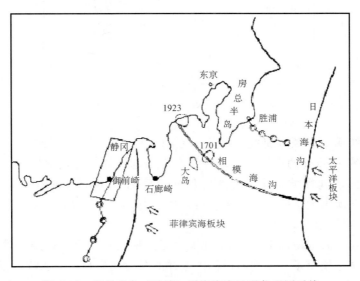

图 5-12　房总半岛（胜浦）近海海底地震仪观测系统

这项布设工程是日本气象厅租用日本电信电话株式会社的海底电缆铺设部"黑潮号"进行两次电缆铺设工程完成的。电缆是从千叶房总半岛胜浦开始向相模海沟伸展的，总长度约110km。同御前崎系统一样，110km内也布设了4个测点，海底地震仪和海啸仪各1台，布设仪器的海水深度比御前崎系统深1倍左右，分别为600、1900、2100、4000m。4个点监测到的地震和地震海啸等信息通过海底同轴电缆传输到陆面站，再通过专用电话线路实时传送到气象厅。

日本为建立这个观测系统，从1981年制定了一个六年计划，预算经费为17亿日元。1986年末全系统开始工作，气象厅实现了日常监视工作。这个通过电缆实现日常监视的海底地震仪系统居世界第二，规模仅次于东海地区御前崎系统，且与御前崎系统有着同样的功能，是气象厅直接探讨地震之巢的"大听诊器"。

3）北海道襟裳岬近海浮标遥测式海底地震观测系统（日本第三个海底地震观测系统）

为加强太平洋沿岸的地震观测，北海道大学理学部海底地震观测所于1985年11月12日在北海道襟裳岬近海安装了两个漂浮水面的无人观测浮标，用水中传声器捕捉来自海底的地震波，观测资料通过无线传输到地面设施。这个系统是世界上第一个无线观测海底地震系统（图5-13）。东京大学、东北大学、名古屋大学等单位与北海道大学合作，在太平洋沿岸的近海共布设了9个点进行这种观测。每座浮标设置在近海约100km和130km附近；传感器垂吊在海面下200m左右，可捕捉到水深2000m左右海底来的地震波。

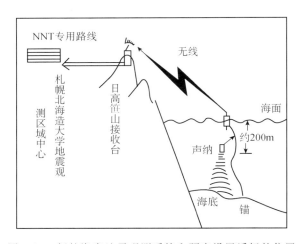

图 5-13　新的海底地震观测系统和预定设置浮标的位置

这个观测系统属地震预报研究"浮标—遥测计划"，一号测点是襟裳岬近海的这一座。在一号测点南面约100km的海域，漂浮着装有太阳电池的浮标，垂吊在海中的声波接收器将声波捕捉到的海底地震波，通过无线将信号传输到200km外的日高支厅静内町的镇山（标高805m）的北海道大学跋山接收所，再通过电力公司的线路传送到北海道大学地震预报观测地区中心（位于札幌）。

北海道大学在北海道境内架设了27处地面遥测地震观测点；在经常发生像十胜冲地震的襟裳岬近海海域上架设了海洋观测浮标。这样的布设观测有利于地震预报和震源的确定。

按"浮标—遥测计划"，襟裳岬近海和根室南东近海、三陆近海、金华山近海、茨城近海、房总近海、纪伊半岛近海、四国近海、日向滩近海9个地方都设置了这种观测装置。根据实际需要，在日本海洋面上也可考虑设置这种装置。

海底地震仪的布设，除了在20分钟内可以监测到像关东大地震那样的相模海沟一带巨震、微震、海啸信息外，还能充分利用观测网的不同角度观测地震，以准确地测定震源参数。并根据震源分布，进一步了解板块构造。

2. 阪神大震灾后建设的海底地震监测网络

1）三陆冲光纤式观测系统（图5-14）

东北大学等共同利用光缆在三陆冲建设海底地震和海啸光纤式观测系统，地震仪观测数据、短周期地震波捕捉地壳倾斜变化、海啸仪以高分辨率监测海水变化等数据传输并用卫星通讯。3台地震仪和2台海啸仪安设在釜石湾近海124km的海底。

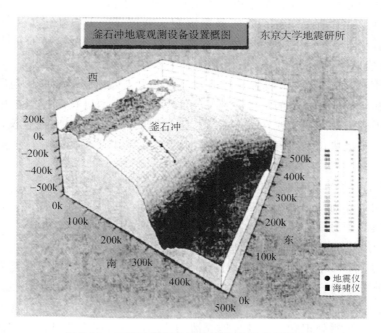

图 5-14 三陆冲海底地震和海啸光纤式观测系统

地震仪可准确地捕捉到短周期的地震波，高分辨率的海啸仪可监测海水的变化，卫星通信传输数据是精密性强的系统。因此，釜石湾冲设置的海底地震、海啸观测仪器系统的设置，除了有利于探讨地震发生机理的板块运动外，还能实时获得有关地震活动的状况和海啸发生的信息，是一个很有用的防灾信息系统。

东北大学的地震、火山喷发预报研究观测中心，在典型的板块俯冲带的东北地方布设了70个观测点，组成了地震、海啸、地壳变化、火山观测网。以这些观测网得到的数据为基础，研究二重深源的地震波面和移动性地壳变化，主要成果可用于研究、解释三维地震波速度构造等地震发生机制。

1994年三陆冲7.5级地震发生后1年，发现震源区板块边界继续滑动，接近震区南侧的宫城县冲的板块边界有固着现象。另外，根据室内实验结果，应用摩擦构成法则，用数据实验再现板块间发生的大地震，以掌握地震发生前地壳的变化特性。

2）震源区南海海沟的海底电缆式观测系统

自1978年在御前崎建设海底电缆式观测系统以来，国际电话网的海底通信电缆技术被用于地震科学研究。应用地震仪、水压计开展海底观测，至今这种观测从御前崎开始，扩展到防总半岛冲、伊豆东方冲、相模湾、三陆冲、室户岬冲和十胜冲这一日本周边海域。在海底这样通道极其困难环境下保证工作数十年的仪器，需要一种最大限度考虑从陆地到海底供电和数据传输等系统整体的可靠性、稳定性的方法，一个系统的建设要耗资数十亿日元。可以说，这个技术的系统是一种真正的从陆地扩展到海洋底的地震、海啸感知的神经系统。

东京大学地震所和其他大学将卫星通信系统接入大学地震预报观测网，利用通信卫星，从全国卫星发射局（225个）集中所有大学的观测点地震波形，发送到全国接收局（24个），实现了划时代的观测系统。通信卫星由于不依赖于地上线路，抗灾性强；由于同报性，许多中心可实时共享这些数据。这样，在不受距离制约的孤岛、山间部也可迅速地开展临时观测。该系统所有中继装置，房上均装有3.6m直径的大型抛物线天线。

3）海底地震监测网络，日本科技厅投资150亿

1995年1月17日的阪神大震灾，使地震预测再次成为地震界关注的问题。为了及时捕捉大地震前兆和研究地震发生的机理，从1996年开始，日本科技厅计划在构造板块边缘地带的四国岛附近的南海海沟沿线和日本海等接近震源的海底设置海底地震仪，建设一个海底地震监测网络，对板块运动及其动态进行详细监测，追根朔源地掌握海底构造活动和地震动态。

4）日本东京大学地震研究所建设的海底地震观测网

日本东京大学计划5年内建成能监视整个日本列岛的海底地震监测网，目前，该所正在三陆海域和相模湾等海域进行海底地震仪的设置工作。

5）海洋科学技术中心（JAMSTEC）

室户岬冲约100km海底的"海底地震综合观测系统"，是海洋科学研究中心开展的海底深部构造开拓研究项目。主要调查研究海沟周边8级大震的发震机制。项目分三个组：①通过海底地震仪、多道音波探查装置，对海底深构造进行探查研究。②通过海底地震综合观测系统，监视收集、积累处理和分析各种地壳活动信息，对海底变化进行长期研究。③调查地下构造、板块运动、地质、岩石的物性、地质环境界面的性质等，并对其进行综合分析；将海沟地区发展的现象进行数值模式化，基于物理法则计算其模式，对各种各样现象给以科学定位，逐步接近阐明巨大地震发生机制，开展海底深部变形实体模型研究。同时，通过这样的模式计算，也可搞清在什么样的场地、采取什么样的方式观测最为有效。

音波包含地壳中信息（弹性率等），应用原理同超音波检诊肝脏大致相同。海洋科学技术中心（JAMSTEC）在高知县室户岬冲100km的海底建立了海底地震综合观测系统，其目的是实时综合观测海底地震，主要装备有：地震仪、海啸仪和多道传感器，除此之外，为了捕捉包括生物活动的变化在内的前兆现象和由斜面崩塌增加悬浊物的情况，还附加了地中温度计、彩色摄像、CTD、流向流速计等设备。

室户冲海底观测台的装备：

海底电缆：全长约120km，地震仪2台，海啸仪2台；

电缆：给电线和芯电缆；

电源：直流，定流电；

数据基本部分是由专用线路传到接收中心。

6）可观测震源区巨震的十胜冲电缆式海底地震、海啸常规观测网

2003 年 9 月 26 日，北海道十胜支厅近海发生 8.0 级地震，与 1952 年十胜冲地震一样发生了海啸。这种海域区巨震的发震周期是几十到数百年。这次地震的震源区十胜冲，于 1999 年建立了日本第 7 号电缆式地震、海啸常规观测系统，这个系统是可观测巨震的电缆式海底观测网。

7）地震海啸预警系统

1983 年日本海中部发生 7.7 级地震，监测系统向东京发出警报，专家分析了推测将发生海啸，但分析耗时 20 分钟，在政府发出警报前，已有 100 人被地震引起的大浪卷走。日本接受了这次地震海啸灾害的教训，改进了监测系统。1986 年安装的设备可自动接收地震仪读数，并在 10 分钟内发出警报，但仍需完善。

地震频发促进日本当局不断改善预警系统。1993 年北海道发生 7.7 级地震，几乎立即引发海啸，地震后 3 分钟海啸涌起高达 29m 的大浪直扑奥尻市，使市民措手不及。7 分钟后政府下令疏散，反应不算迟缓，但已有 198 人丧生。为了更有效地预防海啸，奥尻市筑起一道长 14km 的防波堤，在某些地段防波堤高逾 12m，并安装了预警系统。只要地震达到 7 级，这个系统便会自动发出警报。

三、探索地震源头的四年计划

1. 背景

鉴于 2004 年 12 月印尼地震海啸，造成 30 余万人死亡，数百万人受灾，灾害损失 78 亿美元以上。这样的海沟型巨震、海啸的发生，对日本这个海岸线一带有众多现代化城市的国家来说，灾害是不可避免的，且必然会扩大，灾害形态也更为复杂。关于这一点，日本政府的中央防灾会议做过预测试算，在南海海沟，东海、东南海、南海同时发生地震的话，将有 2.5 万人死亡、灾害损失 81 兆日元，并将危及国家的存亡。

因此，日本文部科学省于 2006 年制定了一个 18 亿日元的四年计划，旨在开发最先进技术构筑海底观测网络系统，探索地震之巢。为搞清楚巨震之巢，为理解历史上地震所看见的震源区之间的联动和发生时间间隔摇摆，在南海海沟大地震发生带，开展了地壳构造调查研究和巨震发生周期模拟研究等。

2. 方针

基于日本海沟地震孕震发震的背景，日本文部科学省认识到设定的日本近海海沟型巨震及其由此发生的海啸，应着重推进具有地震仪、海啸仪、倾斜仪、微重力仪和未来应用音响测距的 GPS 的这些观测仪器的密集的海底网络系统，及为建设该网络系统所进行的技术开发，并将它铺设在海沟型巨震的设定震源区内，对防灾减灾对策取得迅速发展是非常重要的、不可缺少。

3. 过去的研究成果

1）地壳构造调查研究的成果

在过去的许多地壳构造调查研究成果中，实施海域只有南海海沟。而过去思路的主要地壳构造因素是：

（1）南海地震震源区：巨大海山的俯冲构造。

（2）东南海/南海地震震源边界区域：纪伊半岛潮岬冲的不整形构造。

（3）东南海地震震源区：分支断层的分布。

（4）东海地震震源区：海岭的反复俯冲构造。

（5）南海海沟巨大地震震源区：菲律宾海板块的形状。

这些构造因素均在巨大地震发生过程中，起着重要的作用（图 5-15）。

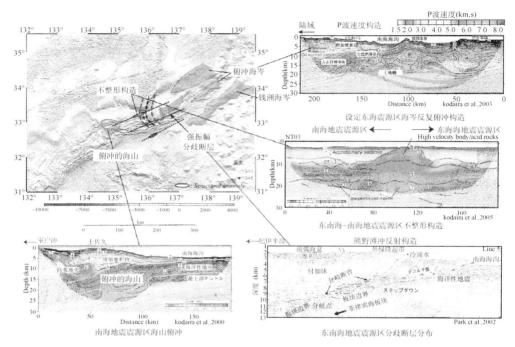

图 5-15　南海海沟巨大地震震源区构造因素的设想

2）地震发生周期模拟研究的成果

为了解释海沟型巨大地震特别是南海海沟的巨大地震发生周期，利用地球模拟的大型计算资源，开展了模拟研究。在巨震周期模拟中，应用地壳构造调查研究中得到的构造因素（潮岬冲的不整形构造、海岭的反复俯冲构造、海山的俯冲构造）和菲律宾海板块的形状以及表示板块边界的摩擦特性的模式。模拟结果见图 5-16。

东南海、南海地震震源区的不整形构造引起的纪伊半岛冲的摩擦特性不一致规定了巨大地震发生模式的摇摆。根据这些结果可知：

（1）东南海地震震源区：破裂的开始区。

（2）东南海地震震源区和南海地震、东南海地震和东海地震的连动形式：变化的。

（3）南海海沟巨大地震的再来时间间隔：摇摆的。

这些结果与昭和和安政（1854 年）在南海海沟发生的巨大地震发生形态完全一致。

4. 先进的海底网络系统计划概要

基于这些研究成果，为实时监测南海海沟巨大地震震源区的地震活动，文部科学省在

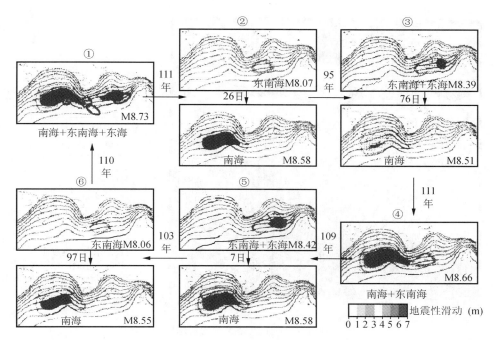

图 5-16　考虑不整形构造影响的模拟结果

1944 年东南海地震破裂开始区的纪伊半岛熊野滩冲，1946 年南海地震开始破裂区的纪伊半岛西部构筑了海底网络系统。2006 年，开始推进海沟型巨大地震研究的项目。图 5-17 就是海底网络系统的概念图。

在计划的 4 年里，在以东南海地震震源区为对象的纪伊半岛熊野滩冲布设了包括地震仪、海啸仪、倾斜仪、微重力仪的海底网络系统。同时应用音响测距进行相关海底 GPS 等的研究开发。海底 GPS 预定 5 年后铺设。5 年后，以南海地震震源区为对象的纪伊半岛潮岬冲进行敷设。

本计划研究开发等因素很多。从业已整备好的观测网得到稳定数据并据此取得重要研究成果，一是需要时间；二是项目中提到的"临震前能够发现监测到地壳活动现象"，需要长期的包含地震活动不活跃期的观测结果，才有可能取得。

另外，为要取得计划预期成果，还必须开展相关研究。因此，所得数据应广泛地公开。

文部科学省为探索地震之巢的世界最先进技术项目——开发构筑海沟型巨震、海啸对策，建设的海底观测网络系统，一方面促进了地震调查研究，另一方面实现了迅速提高防灾减灾灾害对策能力的目标。

5．铺设地点的选择

在 4 年计划里，首先在东南海地震前次破裂开始区的的纪伊半岛熊野滩冲布设，接着在南海地震前次破裂开始区的纪伊半岛潮岬冲铺设。其理由是：

（1）根据地震调查研究推进本部地震调查委员会的长期评价结果，东南海地震 30 年内发生概率已高达 60％，南海地震的发生概率也已达 50％，而且今后该概率仍有可能迎来更高的时期。

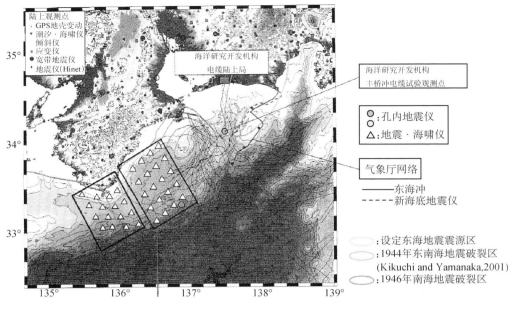

图 5-17　海底网络系统的概念图

（2）根据过去已知的情况，认为东南海、南海地震：①纪伊半岛冲发现过异常现象，其构造因素可能预示着下次地震发生的时间、类型。②纪伊半岛熊野滩冲是东南海地震（1944年）、纪伊半岛潮岬冲是南海地震（1946年，图 5-18）的破裂开始区。

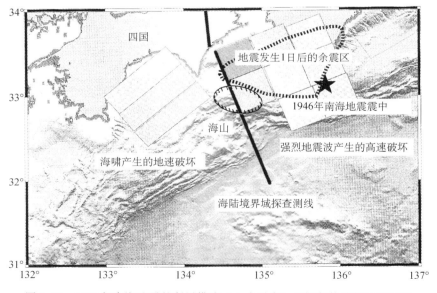

图 5-18　1946 年南海地震的断层模式（★为震中）和深部构造探查的测线

（3）根据过去所做的东南海、南海地震的模拟（图 5-19）已知：①成功地构筑了能再现破裂开始点和东海、东南海、南海的连动破裂形态的多样性的模型。②这个模型在纪伊半岛冲的异常性摩擦特性及其场所与上述（2）的异常构造区极其相似。③地震临发生前在熊野滩深部区存在发生初始滑动的可能性。

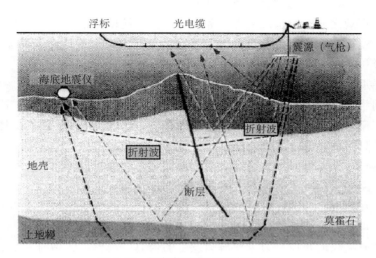

图 5-19　深部构造探查系统概念图

海洋科学技术中心的调查船"瑰丽"、"海洋"号用气枪作人工地震源，通过用船光缆联结多道检测器和约
100 台自动型海底地震仪观测地震波从海底反射回来的状况，调查从海底下浅部到深部的详细地下构造情况

6. 基本网络系统

在海底网络系统的提案中，作为项目实施部门的海洋研究开发机构提出了推进构筑考虑①冗长性（即使系统发生故障，通过补充机能维持系统的特点。例如，电缆两端出现故障而使系统出现问题，可通过从电缆两端直接接故障部来维持系统的机能）的担任供电、数据传输功能的基本系统和考虑②扩展性、保守维护效率性的观测点的伸延系统，并将二者组合起来的尖端性实时海底网络系统。

纪伊半岛冲熊野滩布设海底网络系统的研究期限设定为四年。在该实时海底网络系统中，对于 29 个观测点（节点），也对以地震仪、强震仪、宽频带地震仪、精密水压计为基本传感器和海底重力仪、海底倾斜仪等传感器进行研究。

另外，以未来实时化为目标的准实时海底 GPS 的开发和以冗长性、扩展性、保守维护的效率性、低成本、轻量化为目标的序列式的地震仪的开发同时进行。其次，以 2004～2005 年斯马图拉的巨震为契机，推进印尼等海沟型巨大地震多发带观测网建设和地震数据综合分析系统建设，从此开始将该地区巨大地震研究成果应用在南海海沟巨大地震研究上。这些研究开发是由动东北大学、名古屋大学、东京大学真研究所以及防灾科学技术研究所合作推进的。

7. 构筑海底网络系统应研究课题

基于这个基本系统构筑的先进的海底网络系统，进行分析研究必须根据以下观点：

（1）地震活动分析评价的高度化（提高震源确定精度）。

（2）地壳活动分析评价的高度化（地壳变化数据的海陆综合分析）。

（3）地震发生预测模式的高度化（数据同化的高度化）。

（4）迅速的地震、海啸分析评价（开发分析评价手段方法和信息发送系统的研究）。

（5）基于海底地形、地质状况的观测点配置和电缆路径的选择。

（6）海底网络系统数据的综合系统的开发。

（7）维持长期观测所需的系统的设计和保守维护系统的建设。

基于以上基本概念和研究课题进行的系统构筑和进一步的开展的台阵选择，要根据有关部门和专家的分析意见实施。

8. 构筑海底网络系统预期研究成果

构筑海底网络系统项目期待取得以下成果：

（1）通过应用东南海地震震源区稠密布设的地震仪、精密水压计等，将对早期掌握地震、海啸发生信息，提高其规模预测精度化，为防灾减灾做出贡献。

目标是：通过早期监测刚发生地震之后的地震和海啸发生的信息，有助于迅速准确实施防灾减灾对策。刚发生地震之后的地震和海啸观测值适用于气象厅地震规模、有无海啸发生等预测上。据此在地震、海啸来临之前通过气象厅的警报系统等向国民、重要设施等迅速提供准确信息。

再者，通过海啸仪的布设，力争使海啸发生的监测、规模（包括海啸地震）的预测的高精度化。

（2）通过应用长期地壳活动（地震活动、地壳变化）数据及其数据相关性进行分析，将提高地震发生的预测水平。

目标是：通过取得以海底为震源的海沟型巨大地震的震源区附近的连续、稳定、详细的海底地壳变化、地震活动的数据，进行数据相关性分析和验证，构筑高精度的地震发生过程模式，以提高地震发生的预测精度。

（3）可提高发现监测巨震临发生之前地壳活动变化地点的可能性。

用显著形式发现临地震发生之前固有的地壳活动现象（预滑、地震活动的变化）的地点、以网络系统为基础构筑捕捉这种现象的体制，具有重要意义。也就是说，可以设定捕捉地壳活动现象对策的可能性。

（4）在震源区正上方进行实时监测海沟性巨大地震发生周期的地壳变化（孕震过程—临震过程—地震过程—恢复过程），并由此得到新的观点，进而推进海沟性巨震研究。

（5）对实时监测巨震震源区的地壳活动的必要性和重要性进行验证，推进地震、海啸防灾减灾体制建设。

（6）应用海底网络系统进行实时监测海底地壳变化，不仅对于提高观测精度、迅速监测评价地震、海啸信息是有效手段，而且还可望监测到对过去无法充分把握的长时间尺度的地壳变化、作为菲律宾海板块俯冲开始区的南海海沟轴周遍的地壳—上地幔的相互作用中的各种现象。因此，各种各样时间尺度的实时监测系统的建设，可认为是今后地球科学研究最重要的手段之一。

其中前三项是重点。

四、世界性长期海域观测动向——未来的海底地震观测网略

着眼于上述广阔时间、空间尺度的地球科学现象的巨大海底观测计划，美国和欧洲已合

作开展。美国的 ORION 计划正建设地区观测电缆式观测网络。这个计划是在美国北西部太平洋海域建设超 3000km 的电缆，从胡安·德富卡板块的生成到喀斯喀特板块的收敛区（地震发生带）进行实时观测，是一个为解释地震发生机制，气象、海洋、微生物、生态系统多领域共同参与、同时观测的庞大计划。同时，计划开展从板块变形这样大尺度的观测，到地下流体这样短时间且小尺度的观测。目前，已开始进行陆域稠密地震、地壳变动观测点建设。可以说，这个计划使地震学研究又迈上了一个新的台阶。

长期观测和多项目观测的重要性被欧洲广泛接受。欧洲计划对大西洋中央海岭的海洋板块生成、峡湾海底地滑和科标托湾地震发生带进行海底网络观测。预定在那里开展地震、地壳变化观测以及地层流体压、甲烷等物理、化学观测。

自古以来深受地震、海啸灾害的日本，深刻认识到在地震发生带近场捕捉到数十年以上长时间变化的地震，对于调查探明地震发生机制是何等的重要。为实现这一设想，提出如图 5-20 的未来构想。

日本科技厅设置的地震综合开拓研究计划中，日本海洋科学技术中心设立了"海底深部构造开拓研究"，其目的是调查研究日本海沟周围的 8 级大震是怎样发生的。在地震综合研究中，海洋科学技术中心是唯一的海洋综合推进地震研究的组织。

海洋科学技术中心的这个研究计划，由金泽大学理学部教授河野芳辉兼任总负责人，下设三个课题组，即海底深部构造研究、海底长期变化研究、海底深部形变模式化研究。该计划在现在的物理调查观测、潜水调查船和遥控海底观察、地震观测台站的基础上，利用钻孔进行合作观测，利用钻探对震源"地震巢"及逆行能够深度进行关注。

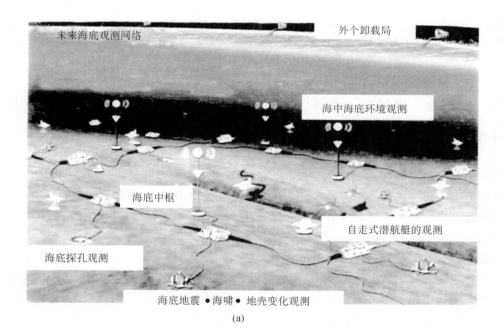

(a)

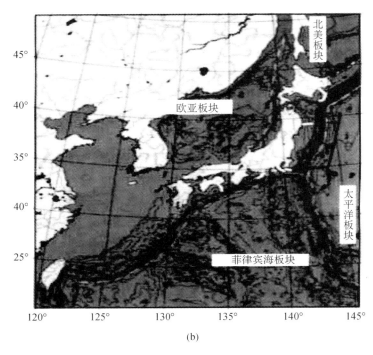

(b)

图 5-20　电缆观测系统的未来构想图

（a）海底设置的许多中继站，均有随机追加、可以交换的观测装置。为开展海底下地震发生带的观测，掘削孔（海底下数千米）设置观测装置，同时开展自走式潜航艇调查、系留式观测装置进行海中海底环境观测；（b）日本被四个板块包围。边缘（黄色点划线）发生巨大地震。图中白色线处为地震观测用海底电缆系统；红点线为未来减轻未来地震、海啸灾害构想

五、海底地震观测初步进展与问题

1. 进展

1）科学、合理地网点布局

为评价日本列岛整体的地震危险性、可能性，海沟区是不可缺的最重要的观测地区。科学、合理地网点布局进行海域地震观测一方面填补了日本周边海域发生巨大地震的观测空白区，而且在掌握海域地震活动方面也是很重要的。

2）达到高密度，获得高精度数据

海洋研究开发机构在这个地区建设了电缆式海底地震仪（3 台），在海底观测到主震和余震及其伴生的海啸。2003 年十胜冲 8.0 级大震后的第 5 天，东京大学地震所的金泽敏彦教授开展大规模电缆式海底地震观测，从 10 月 1 日到 11 月 20 日，包括 3 台电缆式海底地震仪共 41 个点，用 47 台自浮式海底地震仪进行余震观测。海底地震仪观测点分布和陆地地震观测网相比，也属高密度网。

地震后的 2 个月期间，在海沟地区应用如此之多的手段和高密度的观测点进行余震观测，在世界上尚属首次。

3） 成功地获得震源附近的数据

（1） 取得有价值的微震记录。

在鸟取近海 80km 的日本海上记录到很多像是微小地震似的振动。这个地区过去被认为是从来不发生地震的，假如这里发生微小地震，则该区域在地球物理上具有重意义。

（2） 陆海双方观测到震源区数据。

在北海道 8.0 级地震震源区的十胜冲，于 1999 年建立了日本第 7 号电缆式地震、海啸常规观测系统，在震源附近成功地获得了地震仪、水压计的数据，这在国际上也是首次。这次地震，地面观测点和海域观测点均观测到了主震前的地震活动状况、余震以及余效变化准确的全程地遥测观测。在与电缆前端连接的海底环境观测装置也捕捉到了刚发生地震后的混乱泥流情况，水压计不仅作为主要的海啸观测装置，而且也作为地震变化观测装置和陆地上稠密 GPS 观测网一样起到有效作用。地震仪记录了巨大地震发生场所在上方的情况，这点非常有利于今后详细地阐明断层运动。

（3） 获得海底地壳的地震波衰减数据。

研制海底地震仪的目的之一就是在洋底进行远距离爆破试验。日本于 1971 年在马利亚纳海域的爆破试验，首次得到 Pn（通过上地幔的纵波）清晰记录。如果以都能清楚的记录到 P 波初动来判断，在海水下爆破 1kg 炸药的震波可以传播到 70km 以外，5kg 炸药震波可以传播到 100km 以外。如果在陆地上，要想达到 100km，无论如何都有要用 300kg 左右的炸药，这说明了海底地壳中地震波的衰减非常小，也意味着海底的噪声在短周期范围内比陆地更安静。

同时，研究还发现海底岩石圈的 Q 值明显地高于陆地。海洋地震发生方式与内陆不同，极微小地震与深源地震的发生比例和方式与陆地有相似之处，这是海底板块的重要性质。

（4） 浅源地震出现超低频地震现象。

根据防灾科学研究所对 2004 年 9 月 5 日纪伊半岛东南冲 6.9 级地震的观测结果，在这次地震震源区主震后发生了几乎不含短周期成分的超低频地震。在非常浅源地震出现超低频地震现象是一次新发现，原因尚待研究。

（5） 观测到地壳长期变化。

据对 2004 年 9 月 5 日纪伊半岛东南冲 6.9 级地震的观测结果分析发现，地壳在地震前数十年和地震后数年都在持续变化。从十胜冲海底水压仪观测数据，也可以分析出地震前后的地壳变化。地壳长期变化的资料，充分说明了进行海底长期观测的必要性。

（6） 发现了海沟内外侧地震活动的差异。

在一定区域，海沟外侧地震活动的大小有一个上限，且在同一区域内会有一些不在近处就不能测到的微小地震。因此，对微震的海底地震监测就有重要意义。海底地震仪观测显示，海沟内侧多发生震源极浅的地震。相比之下，外侧地震活动极低，这与以前估计的在海沟外侧只发生微小地震或根本没有地震活动的看法不同。说明这个地区的浅源地震似乎有非常特殊的发生形态，认为规模越小的地震发生频度越高的传统的，适合于任何浅源地震的理论，对于海沟外侧发生的小地震来说，好像并不成立。

（7） 观测到了近震。

1992 年 8 月，日本用东京测震 VSE-150 地震仪、记录器使用 STA/LVR 的事件触发方式、波形记录在 EP—ROM 里的海底地震仪，放在海洋科技中心潜艇的投放罐里，在奥尻海岭（44°05′N，139°05′E，水深 3338m）进行两天半试验观测，得到了数个 S—P 在 3s 以内的近震。

另外，1987 年美国曾在东太平洋隆起处观测记录到一次地方小震和其他一些资料。

（8）水压计获得的压力变化换算成水深（m）的值（纵轴）。

2003 年 9 月 26 日十胜冲 8.0 级地震。海底地震仪得到了余震分布和主震时滑动、余效滑动分布资料。

（9）海底地震观测网测得的震源精度高于陆地网。

东京大学地震所对 2003 年 9 月 26 日十胜冲 8.0 级地震的余震观测发现，陆地观测网得到的震源（气象厅一体化处理）和海底地震观测结果相比，已知陆上观测网确定的震源比实际震源深。气象厅一体化处理的主震深度是 40km 左右，实际上是 20km，气象厅定的震源的余震分布不仅深度深，而且精度很低，估计整个有 30km 厚的块体。实际上是在 10km 以下很薄的面状分布。该面可视为太平洋和陆侧板块的边界。这样推断的太平洋板块和陆侧板块 2 的边界的位置呈陆侧深源地震分布得到的高精度位置平缓地向海沟（东南侧）延长着。

求震源时所必须的速度构造，应用的是将过去余震域西南端实际的构造探查结果模式化后的结果，且假定速度构造的板块边界位置和余震分布相当一致。

东北地区下俯冲着太平洋板块的俯冲速度，长期平均一年为 9cm 左右，但该俯冲运动决不是稳定的，时间上、空间上均有摆动。这种现象控制着引发内陆地震的应力场的摆动。也就是说，不仅海域地震，就是陆域地震的预测研究，都必须正确把握板块运动的摆动，而且，海域观测是必不可少的。

（10）得到板间重复发生大地震实际紧急度。

2003 年 9 月 26 日，北海道十胜冲发生的 8.0 级大地震是地震调查委员会长期评价预期之内的地震，也是日本基础调查观测网而建设的高灵敏度地震观测网和 GPS 连续观测网运行中发生的第一个板间型 8 级大地震。由于有前所未有的充实的观测数据系统，这次地震的分析和 1952 年十胜冲 8.2 级地震相比较，才得到了板间重复发生大地震动态情况紧急程度。

（11）观测研究因素应增加。

通过对 2003 年十胜冲 8.0 级观测，根据近来对地震流体和发生地震相关关系的研究成果可知，作为观测研究对象的现象，还应包含历史地震、海啸和地壳变化，以及断层磨擦状态、应力、流体压变化、流体起源的成分变化等地震发生场的物理、化学变化等因素。过去推断海啸波源区与海底地壳变化时，主要用沿岸得到的验潮记录（海啸数据）。这个记录是使用电缆式海底水压计的外洋海啸与水中音响波数据，得到详细海底变化和海啸的过程记录，还捕捉到作为长时间的现象即地震前长期水深变化和地震后的余效变化。板块边界巨震的发生，地震动和海啸这样的数秒间到数小时间的短时间发生的破裂现象可按天进行数据汇集。从最近观测结果已知，可以观测到地震前数十年及地震后数年持续的地壳变化。

十胜冲海底水压计也得到地震前后的长期性地壳变化数据。

4）发现新现象

（1）得到了详细的余震分布。

东京大学地震所通过前所未有的规模海底地震观测，得到了详细的余震分布。其结果获得了解释十胜冲发生板间地震的发生机制的线索。通过分析，发现了板间位置和主震与余震的位置的相关性、主震以及其后滑动分布和余震分布间相关性。这些似乎都可用概念性模型

（壁垒模型）来解释理解震源区发展中应力的再分配现象，最终可以发现支配板间地震和慢滑等各种早期现象的磨擦和破裂的法则，解释因板块相对运动产生的力与大地震发生的关系。

例如：2003年9月26日十胜冲8.0级地震。海底地震仪得到的余震分布和主震时滑动、余效滑动分布。余震集中分布于主震引发滑动板块边界附近，但详细调查证明，主震引发大的滑动的范围内的余震很少，余震多分布在滑动大的范围周边地区。

这次地震中观测到大致的余震滑动，有意义的是余效滑动发生在主震大滑动领域的周边地区。余效滑动在主震后持续了半年以上，积累滑动量换算成矩震级达7.7级。这些观测事实支持由于主震的大滑动，在其周边也发生力的集中导致余震的观点。

（2）捕捉到了刚发生地震后的混乱泥流情况。

在北海道8.0级地震震源区的十胜冲，于1999年建立的日本第7号电缆式地震、海啸常规观测系统，在与电缆前端连接的海底环境观测装置，成功地捕捉到了刚发生地震后的混乱泥流情况。

（3）发现了新的环山海山和地震破裂传播到海山附近减速的现象。

5）海沟地区余震观测

2003年9月26日北海道十胜冲发生8.0级大地震，北海道最大烈度6度弱，襟棠岬有4m高的海啸。2003年3月24日，地震调查委员会发布了十胜冲30年内发生8级大震的概率为60％的长期性评价意见。2003年9月26日北海道十胜冲8.0级大地震的震中区与1952年3月4日十胜冲8.2级地震差不多是在同一地方。从震级的大小和发震机制分析，2003年3月24日十胜冲8.0级大震就是地震调查委员会3月设定的8级（假定8.1级左右）的十胜冲的地震。即这次地震是地震调查委员会长期评估预测之内的地震，也是日本基础调查观测网而建设的高灵敏度地震观测网和GPS连续观测网运行以来，发生的第一个板间型8级大地震。地震后的第5天，大规模的海底地震观测工作在东京大学地震所的金泽敏彦教授的主持下展开（图5-21）。

图5-21　自浮式段周期海底地震仪

由于充实的观测数据系统，通过这次地震的分析和1952年十胜冲8.2级地震相比较才有可能得到板间重复发生地震动态的紧迫性（没有连续观测数据虽然从地质情况的理路上可以进行大的地震地质预测分析，但给出动态的情况分析，特别是应急紧迫性分析是很难的，这种研究成果再次说明大量、持续的观测才是短临预报、临震预报的基础，编者注）。

从10月1日到11月20日，包括3台电缆式海底地震仪共41个点使用47台自浮式海底地震仪进行余震观测（图5-22）。

即便和陆地地震观测网相比，海底地震仪观测点分布也属高密度网。由于数据丰富充实，得到了高精度的余震平面分布和剖面图（图5-23）。

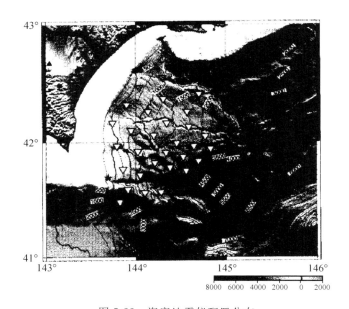

图 5-22　海底地震仪配置分布
▽▼自浮式海底地震仪（37点，47台）；■电缆式海底地震仪（3点）
●■▲陆上观测点；★主震和最大余震震中分布

这次地震中观测到比较完整的板块余震滑动，其中余效滑动发生在主震大滑动领域的周边的发现很有意义，证实余震多发生在主震余效滑动大的领域的周边地区，这些观测事实支持了主震的大滑动在其周边应力的集中而发生余震的观点。

通过这次前所未有的海底地震规模观测，得到了详细的余震分布，获得了了解和解释十胜冲发生板间地震的发生机理的结果。通过分析，发现了板间位置和主震、余震的位置的关系、主震以及其后滑动分布和余震分布之间的重要的关系。

2. 两个震例

1）纪伊半岛东南冲7.4级地震

2004年9月5日19时7分，纪伊半岛东南冲发生6.9级地震，23时57分在其东边发生7.4级地震，9月8日23时58分发生6.5级最大余震。气象厅称此序列为前震—主震—余震型，图5-24是此系列地震活动情况。前震沿东经137度、北纬33度附近海沟发生，主

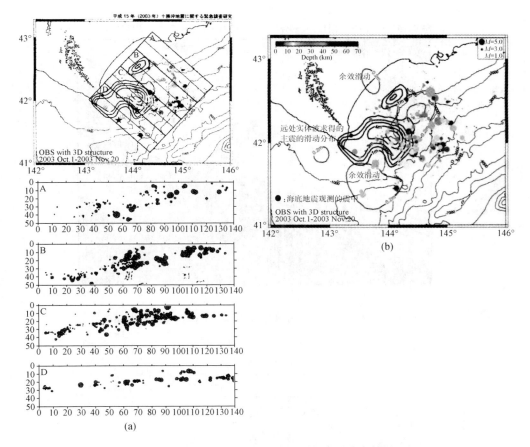

图 5-23　（a）海底地震观测得到的余震分布情况；

（b）与余震相比主震时的滑动分布和余效滑动分布情况

（a）上面是平面图，等高线（间隔 1m）是因山中菊地的主震的滑动量的分布；下面 A～D 平面图上的 A～D 所示的范围是从南到西的剖面。实线是主震时 1m 以上滑动范围投影到太平洋板块上面的结果。在滑动大的领域的延长部分是许多余震发生的地方。（b）中的左上方与左下方是余效滑动分布，中间是远处实体波求出的主震的滑动分布

震在其东侧发生，其余震活动沿海沟带扩展，而且还和此成直交的西北方向相连扩展。

据国土地理院 GPS 观测，这一序列地震活动从三重县到爱知县的广大范围向南移动，没有观测到主震后的显著变化。图 5-25 是国土地理院观测结果和假定断层模式理论计算结果二者合起来的图，图中实线和点线所描绘的长方形是主震位置上假定断层的平面图。断层长度约 70km，宽（倾斜方向长度）约 25km，上端深约 5km，向北侧的倾斜角（从水平面的俯角）63°，而且断层上的上盘相对于下盘约 3.4m，大致向上滑动。该模式和由地震波分析得到的具有南北方向压力轴的逆断层相一致。这个例子仅是和观测结果相符合的断层模式之一。

震中分布图（$M \geqslant 2.5$）

● 9月5日19时00分～5日23时56分　○ 9月5日23时57分～6日24时00分

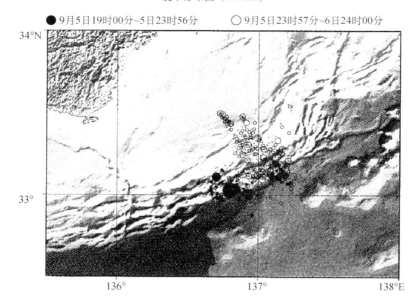

图 5-24　2004 年 9 月 5 日纪伊半岛东南冲 7.4 级地震的震中分布图

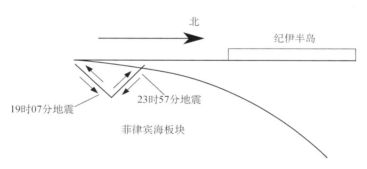

图 5-25　八木假定的前震和主震的断层面

　　纪伊半岛东南冲地震离陆地观测网较远。所以，要求出作为重要信息的高精度震源位置是困难的。因此，9 月 8 日将 5 台自浮式海底地震仪紧急布设在主震震源区，作为"东南海·南海地震等海沟型地震的调查研究"项目的一环开始余震观测。

　　（1）地震分布和震源断层。

　　这次地震的震中分布图如图 5-24。前震后接续发生的地震是沿海沟带南西—北东方向分布，而主震发生后的余震则一直沿海沟方向伸延分布。

　　前震、主震、余震是菲律宾海板块内因南北压缩力作用破裂的产物，日本建筑研究所的八木勇治研究员分析认为：前震的断层面北下降，即北侧从南侧向上伸展的逆断层，主震断层南侧向上升到北侧上，和前震共轭的逆断层，图 5-26 的 A、B 分别为各个断层面上错动分布。

　　前震的错动集中在震源区附近，这里所说的震源是指开始破裂的点。图 5-26 中星号主震在离震源远的浅处产生近 4m 的错动，约 2m 的错动特点是沿断层浅部呈长形分布。这一序列地震活动，从东海到纪伊半岛范围向南移动，据国土地理院 GPS 结果，志摩半岛观测点是向南移动最大 6m。

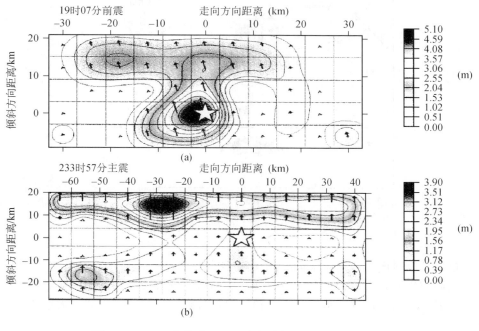

图 5-26   （a）为前震，（b）为主震断层面上的错动分布

（2）有效的海底观测。

八木研究员假设的断层面虽可以很好说明远方地震波形，但完全是假定，要证实它，则需准确了解余震分布。为此，东京大学在地震发生后，在震源区布设了海底地震仪，观测结果如图 5-27。其中白色印号是余震，斜点线与八木研究员使用方法的主震断层面一致。由海底地震仪观测结果可知，在深处活动的余震和浅处的余震分成两个群组分布，如图 5-28。在图 5-27 的平面图上，北西—南东方向分布着的余震的大部分都是浅震。

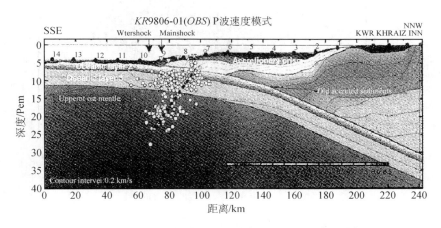

图 5-27   海底地震仪求出的最大余震发生前的余震分布

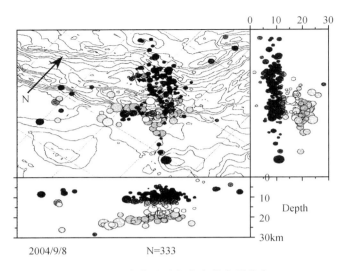

图 5-28　海底地震仪求出的余震分布

（3）巨大地震对南海海沟一带的影响。

这次地震发生后，大家都关心它对东海、东南海、南海地震预测的影响。以往的巨震都是在板块边界发生的，而这次地震是在菲律宾海洋板块内发生的。因此，大家认为没有直接的影响。

气象厅、国土地理院计算出了这次地震预测三个震源区的应力增减。预测区最接近这次地震的东南海地震的结果如图 5-29。所有的设定范围是负的，即为应力场难以诱发地震的意思。在东海地震和南海地震的预测区应力有些增加，其程度为地球潮汐程度，也几乎没有什么影响。

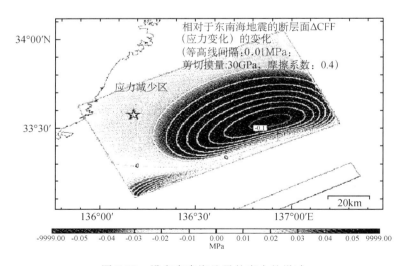

图 5-29　设定东南海地震的应力的增减

以此为依据，判定这次地震对预测的南海海沟一带的巨大地震没有直接的影响。

有人提出这次地震是在南海海沟正下方发生的，担心会成为预测巨震的触发作用。但是，发生的场所、机制均和沿海一带巨大地震不同，地震发生的应力也减少，增加的场合很少，因此，不用担心会成为触发因素。

比此更为重要的是南海海沟巨大地震发生概率随时间推移而增高。2001 年地震调查委员会发布东南海地震和南海地震 30 年以内发生概率分别为 50％、40％。在 2004 年 9 月时分别提高为 60％、50％，触发作用的概率小了，但南海海沟巨大地震发生的预期确实在加强。

防灾所发现在这次地震震源区发生了几乎不含主震发生后的短周期成分的"超低频地震"，在非常浅处发生超低频地震是新发现。但由于认为与南海沟一带巨大地震发生机制相关连的现象，其发生原因尚待研究阐明。

2）2003 年十胜冲地震

在这次十胜冲地震时，不仅完整地捕捉到了地震波，而且还确认海底水压计数据的有用性。作为更长时间的现象，应用电缆式海底水压计的外洋海啸及水中音响波数据，可捕捉到地震前长期的水深变化和地震后的水效变化，更能记录到板间发生巨大地震时地震动和海啸数秒到数分钟间这样短时间产生的破坏现象（图 5-30、图 5-31）。

根据近期观测结果可知，地震前数十年以至地震后数年存在持续的地壳变化。2003 年 9 月 26 日北海道十胜支厅近海发生 8.0 级地震，与 1952 年十胜冲地震一样发生了海啸。

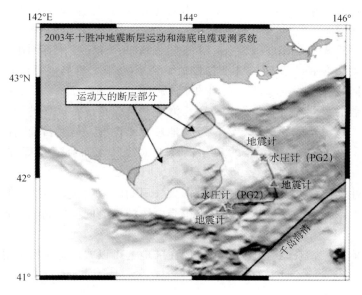

图 5-30　2003 年十胜冲地震断层运动和海底电缆观测系统

阴影部分是海底数十千米地下地震断层运动大的部分；△和☆分别为海底地震仪、水压计设置地点，水压计（PG1 和 PG2）捕捉海底面上升这一地震前后的地壳变化

3. 存在问题

确定观测对象区域和观测点的设置地点问题：一是要考虑地震活动，二是海底电缆架设，二者综合考虑才能保证观测项目的的实现，但二者在技术上难以相适应，有很多技术困

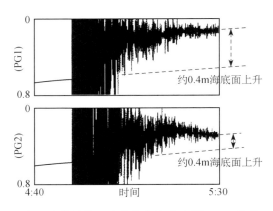

图 5-31　水压计获得的压力变化换算成水深（m）的值（纵轴）

难和经费问题。

（1）海底通讯。海底电缆铺设方法仍未得到解决，在大陆架至海槽的陡坡上安放电缆很困难，日本现在放在大陆架的前沿末端，连接海底和浮标的电缆线很长，在几个月之内就可能会折断。

（2）需巨额经费。海底地震观测费用昂贵，其中最关键的是观测船问题和高昂的租船费用。电缆在海底地震仪中所占费用很大，日本御前崎近海观测系统，安装在海底的设备中电缆大约占 70％的费用。

（3）作业。自浮式海上作业困难。存在投放、呼叫、锚定技术等困难，而且投放在海面沉积上，不利观测。海底地震仪的设置与投放、回收是依靠船只进行的，在经济上费用太高，有时还难以回收，主要受亲潮、黑潮的海流影响。

（4）测点仪器的观测项目不宜太少。因为海底地震仪是非常昂贵的设备，尽量多设几个观测项目如重力、地磁、电导率等在内的综合地球观测设施，但在目前情况下要寻找同地震仪、海啸仪具有同等以上程度可靠的观测仪器不太容易，如流速仪等在布设方法上存在困难。

（5）地震仪性能。目前地震仪采用的是不太长周期的地震仪。因为，周期越长，地震仪所需要的空间越大，调整的困难越大。又由于受电缆铺设上的原因制约，地震仪大小是有限度的。

（6）密封式地震仪，观测时间有限，不像在陆地上可以方便地进行充分观测。

第六章　地震计测烈度信息观测网（L-net）

一、烈度——与地震灾害程度关系最相关的重要数值

烈度是表示某地遭受地震破坏和影响强度的数值，是灾后迅速掌握灾害的状况、开展有效救援和恢复重建活动最重要的信息。但有时从现场收集烈度信息是很困难的，阪神大震灾就是一个典型的例子（在阪神地震中由于烈度信息汇集不及时影响了灾后救助的效果。为此，地震部门和日本政府都做了深刻的反省。编者注）。这时，通过一定的方式能尽快地收集到现场有关烈度的信息就显得极为重要。

1. 气象厅根据仪器观测到的新烈度表

自 100 年前，日本气象厅工作人员用体感和观察周围破坏程度等确定烈度值以来，到 1996 年 10 月，开始采用基于烈度仪的仪器观测新的烈度表。目前，若发生烈度为 3 度以上的地震时，约在震后 2 分钟就可发布烈度信息，世界上能用这种仪器快速发布烈度信息的只有日本。

根据气象厅烈度表释义对照表给出的某处烈度可知，≤4 度的地区基本上没有破坏，而烈度为 5 度弱以上时，则可能有破坏现象（表 6-1）。

表征地震时地面摇晃的参数包括振幅大小、频率、振动持续时间、水平方向和垂直方向分量等。所以，仅用烈度值来表示摇晃的强度是很难的。现在设计的烈度仪，是一种与过去人们用体感和观察周围破坏程度等确定的烈度比较一致。只不过由人决定烈度时，参考了观察者周围的状况，而烈度仪所给出的烈度值只表示设置场所的烈度。

烈度是由地震的震级 M、震源深度、震中距等决定的，但它随地表面的表层状况不同而会有大的差别。在地基差的场所，如填土等人造地基和软弱堆积层，其烈度就比其他地方要高。

2. 烈度与震级、加速度的关系

烈度是地面遭受地震影响和破坏的程度，而震级 M 是地震大小的度量，表示震源区与释放出的地震波能量相对应的地震本身的规模。即使是小地震，只要离震中近，烈度也会高，反之，即使是大地震，在离震中远的地方的烈度也会小。同理，离震源的距离相同的地方，震级越大，烈度越高。

烈度和震级的关系犹如灯泡消耗电力，明亮程度（震级 M）决定耗电多少，即灯泡照到桌面的明亮度则是烈度，若接近震源（灯泡），烈度（桌上亮度）则大，离得远，其烈度则小。

为观测强的地震动，目前广泛使用测量加速度的地震仪——强震仪。烈度与地震波的振幅、频率、振动持续时间等各种参数有关，关系密切、复杂。传统的方法是，由人决定的值和测定的加速度最大值比较得出一种经验性关系。例如，烈度 IV 和 V 的界限是 80Gal（1Gal $=10^{-3}g$ 重力加速度），烈度 V 和 VI 的界限是 250Gal，烈度 VI 和 VII 的界限是 400Gal。

加速度的概念是：对时间速度微分的结果就是加速度。加速度是表示速度如何随时间变

化的。如静止的车辆速度为 0，若加速开车，速度则发生变化，向前产生加速度，这时乘车人就受到向后力的作用。此时，若急刹车，车以一定速度行驶时感觉不到什么的乘车人，由于速度迅急下降为零，产生向后的加速度，而乘客则由于向前惯性力的作用，出现前后摇晃的现象，这是速度变化时产生加速度的结果。同理，地震波使建筑物摇晃时，其与加速度相应的力加到建筑物上，该力的作用就会对建筑物造成破坏。基于这样的思路，可知烈度和加速度的关系为：烈度愈大，加速度亦越大。

表 6-1　麦氏烈度与日本烈度对应关系

I	II	III	IV	V	VI	VII	VIII	IX	X	XI	XII	麦氏烈度表（中国使用麦氏烈度标准）
		I		II	III	IV	V		VI		VII	1996 年前日本气象厅烈度
						V弱	V强	VI弱	VI强			现行日本气象厅计测烈度表

注：日本 1996 年前和现行烈度表有 0 度；V 度弱之前 0～IV 度和 VII 度以上与中国 I～VI 度和 XI、XII 度相对应。

3. 地震发生后决策各种措施时，烈度是不可或缺的信息

从许多震例中都可以看出，烈度信息在地震防灾计划中的重要地位。但如何运用，仍需要进行研究。

1959 年伊势湾台风灾害后，日本制定了灾害应对基本。根据法律规定都道府县市町村均制定了地区防灾计划。该计划经过多年的地震防灾对策活动，基本上起到了实际作用，减灾效果明显。但在 1995 年阪神大震灾中又暴露出一些问题，针对这些问题日本对灾害对策基本法、防灾计划等进行了较大修订。

日本的地震防灾计划按照与地震发生的时间关系大致分为"预防计划"、"应急对策计划"、"恢复计划"三类，其制定的根据是大震法。大震法，是针对东海大地震的预测制定的。

预防计划是真正意义的事前计划，其中也有"建设抗震性强的市区"等需要长时间的推进的永久性对策。

恢复计划是灾后灾区恢复、重建的计划，是从灾后最混乱时期到逐步稳定期的长期性灾后对策。这时的恢复是以"建设抗震性强的市区"为目标，同时还要考虑到下一个地震的预防计划的持续性。

应急对策计划，是地震防灾计划中与时间关系最密切的最紧迫，是为地震发生后的防灾、减灾而进行的各项对策。这个期间要全力以赴、分秒必争地实施各项对策，要求掌握"正确的、详细的信息"后立即开展，是一个"时间就是生命"的时间带。此时，烈度信息可发挥"简洁、重要的效用"。

适时启动初动体制将会大大影响灾后的防灾和减灾的效果，其中心是设立"灾害对策总部"和"动员职员"。所有的行政决策中要不要设灾害对策总部、动员职员和规模等，活动中最急需和应用烈度信息。

确定初动体制和烈度信息的例子：

1）名古屋市

在名古屋发生 4 度以上地震时，立即成立应急指挥总部，同时进入职员非常配备体制，5 度以上时则强化非常配备体制。

2）川崎市

市内为 4 度以上时，总部要员要集合待命，5 度强时设立应急指挥总部，同时将动员规模扩大到全体职员。

3）兵库县和神户市

县内观测到 5 度弱时或观测到 4 度认为有必要采取应急处置时，设置指挥总部。5 度以上时，职员启动预先制定的自动配备体制。在神户观测到 4 度时，设立警戒总部，5 度弱时设立对策总部。

4）静冈县

县内市町村的烈度观测点观测到 4 度时，以收集信息和联络活动为主，并进入待机体制；在 5 度弱至 5 度强时，立即成立应急指挥总部；6（弱或强）度时，成立应急指挥部，同时分阶段扩大和动员相关人员，进行有关部署，同时静冈还制定专门对预测的未来东海大地震的对策计划。

由上可知，烈度信息已成为决定震后对策行动的指针性信息。在许多地区，一般情况下 4 度就进入警戒乃至准备体制；烈度 5 度时设定对策总部，转入初动体制。

烈度信息大多由气象厅发布，但在防灾先进县静冈县非常重视防灾工作也在每个市町村设置"烈度仪"。在川崎市按"震灾对策支援信息系统"也建设完善了地震时市内详细烈度分布的设备，并确立了与此连动的初动体制。阪神大震灾后，许多大城市都引进了这种系统，若再加上全国计测烈度仪观测网（气象厅、消防厅等），参照目前的信息进行初动对应变成为可能。

在烈度 4 度时，是进入"警戒体制"好还是实施"设立总部"，要因地制宜、因情制宜。事实上，4 度的标准提法是"人有一定恐怖感，部分人会因为个人安全跑到户外，悬吊物摇晃大，棚架仪器类发出响声等"，而实际情况是灾害没有发生。即使如此，要进入警戒体制等也不算过分，因为市区太大，情况不同，局部地区也会出现特殊情况。这也反映了在大城市的烈度观测点的结果不一定可以代表当地的烈度，即使在同一市区，也有多样化地基存在。因此，观测到 4 度时，在市内某处也可能有达到 5 度破坏的地区。

图 6-1 为札幌市调查结果。札幌管区气象台发布的烈度是 4 度。后来进行了详细调查，其结果是市内全区烈度为 2～5 度强，5 度区内有人员死伤，住房发生构造性破坏。这样，将 4 度定为灾后防灾对策的启动烈度还是适当的。

图 6-2 是 1982 年浦河冲地震时的调查资料，给出的是北海道内市町村震后采取的各种对策和烈度的关系图。3 度以下是为把握事态，动员职员对策的开始界限，并放入情报收集用的紧急联络网中，随着接近 5 度，则迅速设置对策总部。与此同时，开始供水活动，也是考虑地区内烈度变化做出的。

图 6-3 是职员动员率和烈度之间关系。职员动员率随烈度增加而增加。图中还有部分市町村在低烈度值下就采取积极活动的情况。这些市町村也是烈度异常地区，主要位于太平洋沿岸，属于特殊情况，是海啸警戒的对策活动。因为，这些地区历史上就已经形成了"地震等于海啸"的灾害文化概念。所以只要发生地震，太平洋沿岸地区人就会积极行动。

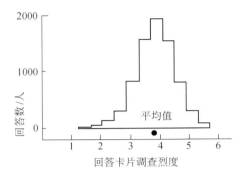

图 6-1　气象厅发布 4 度和札幌市内各地实际感到的烈度调查结果

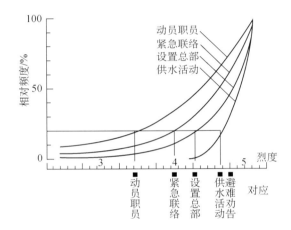

图 6-2　1982 年浦河冲地震后，北海道市町村采取各项对策与烈度关系

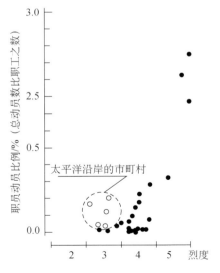

图 6-3　地震发生时烈度和市町村职员动员比率

总结阪神大震灾的经验教训，日本对实施的防灾计划进行了认真修订，其中之一就是强化和扩展了地区之间相互支援体制，并签订了地区间协议书——"大地震灾害发生时互相协作的意向书"。按照全国 13 个政令指定城市间协议的规定，在某城市发生地震时，其他支援城市按烈度规定进入相应体制。

4 度时：注意体制，即情报收集与向配备过渡的准备体制

5 度时：警戒体制，即收集情报和进入出动可能体制

6 度时：非常体制，即收集情报和立即出动体制

相互支援协定是将阪神大震中学习到的经验教训运用到防灾计划中的一个大动作，是如何提高效率，指导减灾实践和如何从计划层面向运用层次转化的体制上下功夫进行的研究和开发。

二、日本的烈度观测

1. 烈度观测发展过程

日本烈度观测始于明治 17 年（1885 年）。当时的日本内务省地理局为了观测烈度，预定了 4 个摇动的等级，这是日本烈度等级的起源。尔后，经过多次修改完善，以 1948 年福井地震为契机，烈度分为 7 个等级，到 1949 年烈度等级即成为与目前相近似的 8 个等级，但记录到的最大烈度是阪神地震，其烈度为 7 度。

2. 从过去体感烈度到用仪器测定烈度

1）体感烈度

根据地震发生时人的体感、室内周围事物的反应程度、破坏程度等决定的烈度，叫体感烈度。从 1884 年到 1995 年阪神大震灾止，此法在日本一直延用 100 多年。这种烈度是将人的各种观察结果对照日本气象厅公布的"烈度表释义"间接确定的。

日本全国测定点有 150 个。为提高测定点密度，又采用卡片式进行调查。这种做法是将一般市民视为人间地震仪的一种调查确定烈度的方法，是一种只靠观察者，不用地震仪决定烈度的方式。由于人们的参与，将地震摇晃强度汇集成烈度这样单一量值（1 位的整数值），这种方式有其简洁的优点，但在客观性、正确性上存在很多问题。

2）计测烈度

为解决体感烈度的这些问题，日本气象厅提出用地震仪测量直接确定烈度。1990 年开始进行试验观测。阪神地震后，解决这个问题的愿望变得更加迫切。

烈度 6 度以下时，可利用烈度史料调查的方法来确定；7 度的确定是以详细调查观察者周围房屋破坏等情况为前提的，需要 3 天的时间，而烈度作为地震救灾的关键信息，对应急对策决策影响大，客观上要求尽快了解现场情况给出实际烈度，这在时间上出现了很大矛盾。因此，从 1996 年 4 月开始，在以前几年的实验基础上，正式采用机械设备——烈度计，测定方式来确定烈度，数值精度取小数点后 1 位（4 舍 5 入）。

要使计测烈度和体感烈度保持一致，还要注意传统和现代方式的接轨。如此一来，出现了烈度的应用史上的一次很大革新。然而，有关问题如其物理性解释等还须今后进一步研究。

3）两种方式的比较

下面是两种烈度确定方式或特征比较表（表 6-2）。从表可知，计测烈度相对体感方式

确定烈度有很多优点。

表 6-2　两种烈度确定方式或特征比较表

		用户体感烈度（过去方式）	烈度计观测（现行方式）
测定	目标、对象	1 点的地震摇晃强度	1 点地震摇晃强度
	方法	间接法：人的体感、观察事物的反应，建筑物等的破坏	直接法：用地震仪装置进行机械计测确定
	有效位数	1 位（误差：±0.5 左右）	2 位以上（误差：±0.1 以下）
	结果表示	烈度：1、2、3、4、5、6、7（1 位）	烈度：1、2、3、4、5 弱、5 强、6 弱、6 强、7（1 位，小数点以下，四舍五入）
	地点数	150 个点（气象厅等）	600 个点（气象厅直辖）1000 个点（其他机关）
特征	客观性	有个人差别	较客观
	简洁性	优	稍复杂
	现场调查	烈度 1～5：不要　烈度 6：希望实施　烈度 7：必须实施	没有必要
	速报性	烈度 1～5：10 分以内　烈度 6：30 分以内　烈度 7：1～数日（根据状况）	整个烈度范围：数分钟以内（计测烈度本身没有损坏场合
	相对破坏关系	资料积累多	需积累资料（今后要研究）

3. 阪神地震的烈度观测

阪神地震，其烈度观测在全国是由气象厅部署实施的，观测方法是延续体感方法。而 1991 年烈度仪已开发，1994 年全部由气象厅用烈度仪进行烈度观测。但当时的烈度的含意，如判定烈度 7 度则需进行房屋建筑破坏状况等的现场调查。这样，阪神地震发生时发布的最大烈度为 6 度；7 度的强烈摇晃是 3 天后气象厅地震流动观测班在巡查地区时判定出来的。如图 6-4 所示，判定 7 度详细分布，是 150 名气象职员经详细的现场调查后判定给出的。

4. 烈度等级的修改和 7 度的计量

阪神地震后，震中区烈度达到了 7 度，但由于烈度观测的问题，这一重要信息没有及时获得。为解决这些问题，气象厅设立了由专家和有经验者组成的"烈度问题分析会"，1995 年报告了最终分析结果。据此报告提出烈度达 7 度用烈度仪计测，5 度与 6 度分别成两个等级，把日本的烈度计量分为 10 等级的烈度表。基于这个提案，气象厅对烈度计算方法和烈度等级进行了改进和修改，于 1996 年 4 月形成 10 等级的烈度等级，实行 7 度用烈度仪观测和即时发布观测、信息的体制。

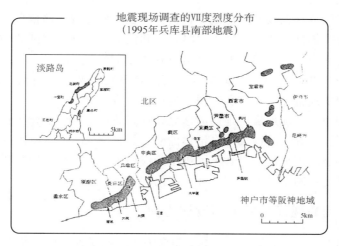

图 6-4 烈度观测（计测烈度）震例

三、建设完善计测烈度观测网

阪神地震时全国有 150 个烈度观测点，由气象厅官方部署管理实施。图 6-5 为日本烈度观测网，（a）为 1995 年阪神地震前的观测网，（b）为目前的观测网。阪神地震造成严重破坏，烈度却没有能够速报，原因是日本震后第一应急措施迟缓、不到位。此后认识到烈度观测在防灾信息中的重要性，气象厅增设了烈度观测点，强化了计测烈度观测网，各自治体也设置了计测烈度仪，目前全日本形成约 610 点的观测网。

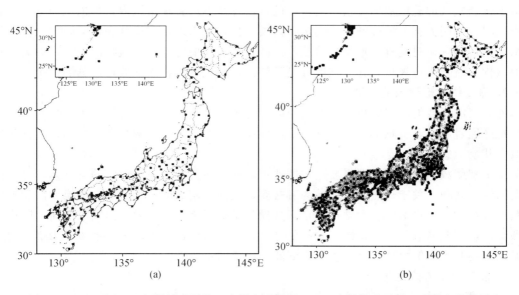

图 6-5 （a）为 1995 年阪神地震前日本烈度观测网，（b）为阪神地震后日本烈度观测网

为迅速把握大地震时的破坏情况，根据消防厅的"烈度信息网络系统建设事业"，各地方自治体都建设了烈度仪及其观测。地方自治体建设的烈度观测的信息，除由各都道府县集中和利用外，还要传输到气象厅。气象厅将自己独立的观测网观测到的烈度数据和地方自治体的烈度信息综合起来，作为统一的烈度信息提供给国民使用。其结果，就形成图 6-5（b）的目前日本烈度观测网，是一个总数达 3440 点的高密度观测网。目前，无论在日本本土的何处发生地震，都能速报烈度，并及时用于地震防灾应急。

烈度计是以加速度计测地震时地面的摇晃，计算波形的实时变化到计测烈度。气象厅的烈度仪可回收公开波形数据，而民间自治体的烈度计尚有部分不能回收和公开波形。所以，即使有震源附近和破坏区域的记录数据，仍不能应用于灾害发生原因的研究中。所以，要解决自治体设置的烈度仪的记录回收、公开、应用问题。

四、烈度观测的现代化成果与发展方向

1996 年制定 10 等级烈度等级后，最大烈度为 6 度弱以上的地震共 16 个，其中观测到 6 度弱以上强烈摇晃的烈度观测点 53 个，属原气象官署的观测点只有 5 个，余者均为阪神地震后新设的点观测到的。说明若没有新增的测点，只靠原有的 150 个点观测，这些 6 度弱以上的摇晃就不可能观测到。为了提供更充实丰富的烈度信息，气象厅今后应强化烈度信息的发布，并注意与防灾科研所合作做好对 K-net 烈度信息的利用准备。

1. 烈度仪波形记录的有效性

自治体烈度计是各自治体设置的，若要烈度计测信息公开，并广泛应用于更广阔的区域，必须通过 K-net 和 KiK-net 系统整合其波形记录，以构成更大区域密度更高的网络。因此，进一步掌握更详细的震源破裂过程，提高强震动模拟精度，建立反映地震个性的距离衰减式等，才有望对阐明地震现象作出贡献。目前开展的平原地区地下构造调查资料被用作建立地下构造模式的验证数据。由于自治体的烈度计基本设置在市区内，可以认为它在地震灾害发生时为阐明灾害与强震动关系提供了重要数据，对未来抗震设计和地震防灾工作的贡献是很大的。特别是对具有与通常建筑物不同的长固有周期建（构）筑物的破坏，如大桥和免震建（构）筑物进行评价，光靠烈度计是不够的，必须进行长周期波形成分的评价。

2. 烈度仪波形记录的公开

烈度仪波形数据不好收集、公开的原因，是波形记录是否真的有用。关于这一点，在名古屋地区通过研究者贡献形成了包括自治体和民间企业的强震观测数据共享网络，这是很好的数据共享形式。

由于烈度数据收集和公开需要一定的费用，即使在公开上表示理解的自治体，也存在很现实的经费问题。关于这点，一般认为有必要建立国家层面的波形回收、交换体制和维持其体制的方案。部分自治体和大学进行全国规模数据扩展是很困难的。但国家层面为数据的公开和交换，需要采取某些支持措施。即便是这样，建立数据收集、公开系统，为维持它的正常运行，还要更加努力，社会也要认识到波形记录的重要性。

3. 确定烈度方式的进步

1991 年，日本气象厅开发烈度仪，开始应用仪器观测烈度，继而建设和完善烈度仪观测网络。1996 年正式引入"通过计测求烈度"的方式，在日本乃至世界地震观测史上是一次划时代的事件。

烈度计有许多特征。通过计测烈度实现了烈度的客观决定方式。在这一点上，计测烈度是值得肯定的发展，但烈度的即时性还需进一步改正。

目前，国际上烈度等级表各异，存在各用各的烈度表的现象，这是因为各国独有的自然、社会环境所致。这样一来，在科学和实用上就有许多不便之处。理想的情况是世界上应有一个统一的烈度表。自 1964 年起，苏联、东欧、中东地区等多用 MSK 烈度表，当时有人提出将 MSK 作为世界标准烈度表，但后来没有普及。原因是 MSK 烈度表无法满足跨国家地区的广泛性、客观性这一世界标准烈度表的条件。后来，又有人反复提出同样建议，一直未定案。由此可见，日本"通过计量方式决定烈度方式"可以满足世界的标准烈度表的条件，因为此烈度是计测的，是客观的。

4. 烈度的算法和物理性保持了与体感烈度的整合性，对原有烈度只进行补充修正

烈度计的进一步提升空间很大，目前只不过是初期实验应用阶段，主要是提高质量和数量。

通过烈度计来进行列度计算的实际相当复杂，主要如下：

（1）需要保持和过去体感烈度的整合性。

（2）计算原理基于烈度是加速度（最大值）的对数和线性关系（但是在实际中可能有许多差别，编者注）。

（3）有关传感和数据采集系统的修正（修正是为了最大的加速度振幅能反映电子脉冲等数字关系）。

（4）避免测量烈度变得极大（由于是点测量，容易产生判断过大的误差）。

计测烈度的相关性研究包括，加速度（最大值）和速度（最大值）与烈度关系的研究；以及加速度（最大值）、速度（最大值）的合成数值与烈度关系的研究。这些关系的研究分析，对符合烈度物理意义的理解还在初级水平。因此，应继续研究烈度对人和事物的影响（破坏情况）。气象厅发布"烈度释义表"中阐述的内容，就是具体表述烈度计与烈度的物理性与原来人体感、事物反应的关系。而这些都应仔细分析和探讨。

在烈度计算上存在一些问题。如烈度计算，低烈度范围观测的数据是很丰富的，而高烈度区的资料则极其少。历史上 7 度的强震动记录只有阪神地震时在神户市鹰取得一点。这就使得高烈度范围内烈度计算算法的检验不充分。为了改善这一不足，需要大量的大于 6 度和 7 度的强震记录数据。但这就意味着必须有较严重破坏性的地震发生才能取得。解决矛盾的方法就是参考近来新发展起来的"强震动记录的分析再现技术"，通过分析解释强震动的实际状况，以积累更多的高烈度范围的模拟记录。

5. 与社会变化相适应：超高层大楼带来的新问题

从烈度整合性的观点出发，计量烈度的地震动周期局限于 0.1～1s 的狭窄区域内。这是由于人的体感和日本代表性低层木式住宅固有周期带的关系。图 6-6 是烈度和一般住家不同建（构）筑物的周期的关系。从图 6-6 可知，伴随建（构）筑物的多样化、大型化，相关的建（构）筑物自身的自振周期范围也在不断扩大，地震计计量对象的周期已达 0.05～20s，甚至更大范围。因此，现有的烈度计所覆盖的周期仍是狭窄带域，如何对应更多建筑物的自身周期是应加以研究的新课题。

当烈度信息作为破坏、防灾指标使用时，可采用"组合烈度"方案，该方案将对象周期范围分为"1s 以下的短周期"、"1s 至数秒的中周期"和"数秒以上的长周期"三类，分别

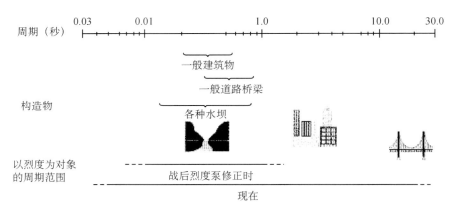

図 6-6 各种建（构）筑物固有周期和烈度的对象周期范围

求出烈度。当三个烈度组合后，即表示某一地点强震动的强度。

烈度的定义是加速度需要部署在"地表面的一点（实际上包含地下）"作为前提的（中国强震标准中，通常提到的自由场，就是部署在一个不受建筑物的影响地方）。但是，现代化的城市环境（住宅生活）变化很快，大多不具备这种观测的基本条件。例如，伴随超高层大楼的急速增加，许多市民住进高层公寓，日常生活形态也增加了许多新花样，这时再以这种地表面为标准的烈度信息则不能确保居民的安全。这时所期望的是表示激烈的大的摇晃为指标的烈度信息，即居住层摇晃的强度（高楼楼房上），超过 1s 的长周期。

单独使用烈度信息作为防灾（指标）信息不是万能的，但和相关（原有的）知识经验、成果联系综合应用，在防灾上可发挥极大的作用。所谓相关知识、经验成果包括建筑物、设施等种种建（构）筑物的破坏（特性）和烈度的关系，人的伤害（特性）和烈度的关系，以及伴随地震的发生接踵而造成的直接（1 次）、间接（2 次）、波及（3 次）和按时间序列捕捉到的"震害连锁模式"等灾害现象。对这些知识、成果，还需通过实践，不断探索、完善和补充。随着烈度观测点的不断充实和质量的不断提高，烈度信息在今后将会发挥更大的作用。

五、烈度信息客观观测与处理

1. 烈度信息观测的计量化

1884 年以来，日本气象厅实施了 100 年以上的体感式烈度观测。1985 年 3 月成立"烈度观测分析委员会"后，开始了利用仪器观测烈度的分析研究，于 1988 年 2 月提出客观观测烈度的方针，及烈度计算式。

气象厅基于此方针，开发了作为观测烈度的仪器，即烈度计。1991 年开始陆续引进烈度计用于强震观测，从此开始了居世界领先的烈度观测。

烈度仪的引入使烈度观测客观化，即使在无人地点也可以进行观测，进而实现了烈度数据收集的快速化。此后，这就成为烈度信息作为防灾信息满足社会需求的原动力。

2. 烈度等级的修定

尽管烈度仪得到发展，但气象厅的烈度等级本身的修定慢了一步。因此，作为各等级定义的烈度释义依然有效，体感观测继续使用。

1994 年 10 月，气象厅审议会第 19 号文提出，目前烈度等级自制定后经过 40 年以上的应用过程，烈度等级的释义文字与现在以城市为中心的生命线发展、建（构）筑物抗震化和高层化情况不相适应，同时烈度 5 度以上说明文字大大超出实际破坏状况（裂度解释的说明情况和实绩情况不符，编者注），所以，为了实施适当的防灾对策，有必要对不充分不恰当的地方进行修改。

1995 年 1 月 17 日阪神地震时，地震发生 3 天后，7 度烈度地区的存在才被认定。震后，当时烈度等级上烈度计测量的数值定为 6 度，烈度 7 度的认定是破坏调查后确定的。这个地震事件，为即时了解和发布烈度的必要性奠定了基础。

为了解决这些问题，1995 年 3 月气象厅成立了"烈度问题分析会"，11 月给出了最终报告，其主要部分有以下 4 项：

（1）各烈度等级取决于地震动强度的计量（烈度计量），废除过去作为烈度等级定义的释义文字，7 度烈度也要进行测定。

（2）烈度 5 度与 6 度之间再分别划分出两个等级（5 度弱、5 度强、6 度弱、6 度强，编者注）。

（3）用"气象厅有关烈度等级解释秒度表"取代原来用于描述某个烈度，在被观测到时可能发生的现象的烈度等级解释文字。

（4）修改与此相应的过去烈度计算方法。

气象厅基于这个最终报告，从 1996 年 4 月开始，规定烈度观测使用烈度仪观测，过去体感烈度观测方式从此废除。1996 年 10 月开始发布由新的烈度等级确定的烈度值，并转入目前的烈度发布系统。

3. 建设新的烈度观测网

气象厅的烈度观测，过去是在其所属的大约 160 个观测点进行。1993 年 7 月北海道南西冲地震后，逐步建设完善由 160 个点组成的海啸地震早期检测网的地震观测点，在这些地点开始烈度观测。阪神地震后，进一步增强了过去的烈度观测网，建设完善了以全国生活圈为中心的间隔大约为 20km 的约 600 个观测点，其中包含 40 个左右都道府县烈度信息网络系统，观测点的烈度数据通过专线（部分用公众线路）先分别在全国 6 个地震海啸预报实施官署（札幌、仙台、东京、大阪、福冈、冲绳）进行数据收集，然后再汇集到东京。其中主要观测点还具有应用卫星备份线路收集数据的支持功能。

1997 年 11 月以来，采用全国都道府县烈度信息网络数据和所在地气象台联机，综合使用气象厅地震信息，统一发布烈度的方法。准备就绪的都道府县依序发表。2003 年 3 月完成了全部都道府县联机，对于独立行政法人防灾科学技术研究所的强震网络（K-net）的烈度信息，从 2004 年 5 月由更新后的观测点发表。图 6-7 是目前在气象厅按地震信息总发布烈度观测点的分布。由于得到有关部门的协助，现在建设完成的全国高密度速报体制约 3800 个点。

4. 改善地震信息

阪神地震后，人们重新认识到地震信息对地震发生后的第一应急举措等救援活动上的极其重要的意义，并开始谋求信息发布的快速，内容高度准确和丰富。由于烈度仪的引入，地震发生后 1 分半，以震源为中心的主要烈度数据大致汇齐后，在地震后 2 分钟将观测到的大

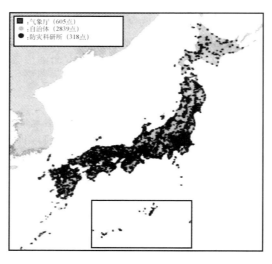

图 6-7　应用地震信息的烈度观测点分布（2004 年 12 月 6 日为止）

的烈度场所（全国）划分成 180 个块区，以地区名称发布，争取在 3～4 分钟和约 5 分钟分别发表震源信息和"震源、烈度方面的信息"。其中除地区名称外，还要考虑观测到较大烈度的市町村名和烈度 5 度弱以上而数据未计入的市町村名，对此进行报道以引起注意。该烈度信息作为防灾信息，烈度最终发布各地。图 6-8 表示目前烈度信息发表的流程表及其应用。海啸预报观测站实时收集烈度数据，通过高质量的数据自动处理，将不正确的有误的数据排除掉，以用于海啸预测。

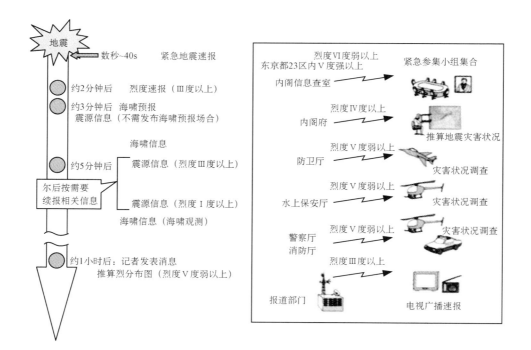

图 6-8　地震信息发布流程和有关部门的运用

由于地震、海啸的信息必须迅速传达。所以，从 1995 年 4 月开始，采取联机用户计算机可读取数据信息，以文字字幕形式在电视媒体等介质上进行速报。1996 年 10 月，又对准备自治体烈度仪使用的发布方法进行了部分修改，形成目前的烈度态势。另外，重要的信息还可用卫星线路发送。

5. 今后烈度信息的处理

阪神地震后，气象厅在原国土厅防灾局（现内阁府）协助下，开发出可计算出无观测数据地区的烈度推算技术，而后绘制出"推算烈度分布图"（图 6-9）。

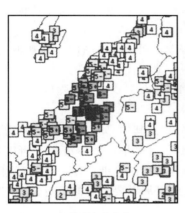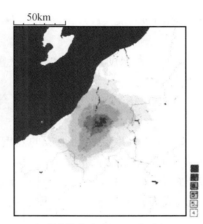

(a) 各地烈度分布值 　　　　　(b) 烈度推算分布图，4 度以上

图 6-9　推算烈度分布图例（2004 年 10 月 24 日新潟中越地震，6.8 级，13km 深）

在计算中使用表层地基的增幅度。2004 年 3 月起，观测到烈度 5 度弱以上地震时，要在 1 小时内发布紧急报道，并附加解说。该"推算烈度分布图在观测点烈度数据基本齐备后绘制。但今后将尽可能地在早期阶段就发布信息，实现对这些信息进行改善，作为防灾信息以更好应用的目标。

防灾对策对烈度信息的要求，既要迅速准确，又要详细。地震后要想即刻获得这样细致的烈度分布信息，必须继续大密度地增设烈度计才能实现。

气象厅和国土厅防灾局共同合作研发的烈度计技术，就是要短期内完成公开发布"表面烈度分布信息"。

"表面烈度分布信息"是根据烈度观测点得到的烈度数值，按照每 1km 网格的烈度数据，变换为国际通用的 BUFR 形式，通过联机向防灾部门和新闻媒体传送，在电视上以画面信息公告国民。

（1）观测到的烈度数值（包含小数点以下），变换成考虑表层地基的影响后地震基础上的地震动。

（2）以地震强度值作为初始值描出等值线，推算每个网格上的地震动。

（3）将获得的地震动参数用（1）的方法变换为表层的计测烈度，然后求出每网格的地表烈度分布。

地基信息可用全国范围的国土数值信息的表层地质、地形分类信息。地震地基（考虑表层地基影响的表层计测烈度）变换要按下式：

（1）计量烈度（I）和最大地动速度（V_{amp}）之间的关系式：

$$\lg(V_{amp}) = P \times I - q \qquad (p = 0.576, q = 1.59)$$

（2）以微地形和标高值（H）、一离河川距离（D）为基础，推定从地表到30m地基的平均S波速度（AVS）的经验公式如下：

$$\lg(AVS) = a + b \times \lg(H) + c \times \lg(D) \qquad (A、b、c 为每个微地形的常数)$$

（3）地基相对于最大烈度振幅的增幅度（ARV）和地基的平均S波速度之间的关系式：

$$\lg(ARV) = 1.83 - 0.66 \times \lg(AVS) \qquad 计测烈度$$

图6-10，是2000年鸟取县西部地震的烈度分布。其中（a）为仅依现行烈度观测点得到的烈度结果，（b）为推算出的面的烈度结果。实际情况是，境港市和日野町的烈度观测点都观测到了6度强烈度，但推算的表面烈度分布分析却比境港市比，日野町周围的烈度区域范围分布要广，这成为预测灾害地区和程度在日野町周围要严重的信息。

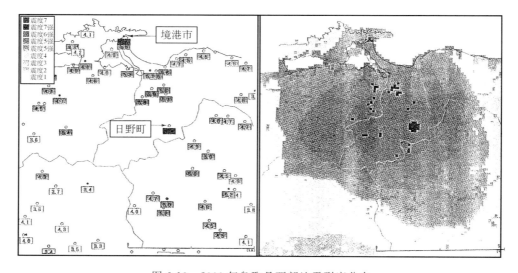

图6-10　2000年鸟取县西部地震烈度分布
（a）为观测点观测的计测烈度，（b）为推算出的面的烈度结果。与（a）图相比，
（b）图以强烈摇晃为中心的烈度分布的范围广，其中强烈摇晃地区显然很分散

发布在"烈度速报"中的"表面烈度分布信息"，是针对上午地震最大烈度4度以上的。而电视上的传送的则是烈度等级（整数）分布图。引进都道府县、气象厅的防灾信息紧急提供的防灾装置，将此分布图以图形形式贴付在装置上，就可同时发布该信息。

"表面烈度分布信息"是将过去作为"点"的烈度信息资料向可把握"面"的摇晃地区的信息高度化处理的结果，这样可得到地区破坏情况的更详细推测资料，并将此作为更准确更细化的防灾对策信息加以利用。但是，由于烈度的实测值与地基信息是计算推算值的基础。所以，对于高密度观测网而言，很难得到局发性地震时的实测值，地基信息还需通过地质调查后进行修正，信息的精度也需作许多改进。

第七章　地震灾害信息网

一、地震信息系统建设背景

日本地处欧亚、菲律宾海、太平洋板块的交接处，是太平洋环火山带频繁活动的地区，台风、地震、海啸、泥石流、火山喷发、暴雨等各种自然灾害极为常见。1995 年 1 月 17 日阪神大地震共造成 6393 人死亡及失踪、4 万多人受伤、24 万多栋房屋倒塌、受灾户数达 43.7 万户。类似的突发性灾害公共事件不胜枚举，给日本的经济与社会发展带来严重影响。为了应对各种可能的突发公共事件，日本各级政府采取了各种行之有效的措施，比如完善相关的立法、修建水库、整治堤防，对建筑物进行抗震设防，建立危机管理体制等。在突发公共事件应急信息化方面，日本政府从应急信息化基础设施抓起，建立起覆盖全国、功能完善、技术先进的防灾网络信息系统。

二、地震灾害信息系统规划

大规模灾害发生时，政府要想迅速地采取灾害应急对策，需要综合收集气象局的地震、海啸信息，包括有关省厅等的直升飞机和航拍的灾害视频图像，接收公共部门、地方公共团体、其他防灾机关等的受灾信息等，掌握灾害规模。同时，立刻将收集到的信息向地震灾害总管大臣官邸、指定行政机关等进行传达，为此，需要建设这样一个收集、汇总、分析处理和传达的集成化系统。

1. 信息灾害系统的基本功能

城市灾害信息系统是将城市一元化、综合收集的全市各社区、街道和各机关的灾害信息，并将掌握的灾害信息提供全社会共享，以保证灾害对策活动迅速准确的开展。

城市灾害信息系统必须是一个硬件操作简单化、可以灵活使用地理、地图信息的灾害信息系统，应具备可视化功能，具备历史灾害信息和灾防策略浏览功能的系统，该系统应逐步强化和完善其综合功能（图 7-1）。且随着科技的发展，该系统还要完善信息收集、实现网络化，实现和各种视频系统的联接、联网。通过系统的运用和演练，提高灾害信息系统的实效性。

防灾信息系统中利用互联网络，强震观测网络提供的提供灾害数据信息进行地震灾害调查和预期判断功能。地震灾害调查和预期判断系统主要为了迅速掌握大震灾后出现信息空白地区的情况，城市防灾系统有关部门应利用直升机摄像系统，在震灾后迅速活动，及时将灾害的地区分布及其灾害程度传输到防灾指挥部门。在发生灾害时，防灾部门、社会团体和个人比平时更为需要各方面的灾害信息，作为信息通信中强化对策的一种手段，城市防灾部门应充分利用和发挥随信息时代发展起来的互联网络的作用。为社会提供全方位的信息服务。在日本阪神地震灾害等震例中，互联网具有抗震灾性强、服务面广、反应迅速的特点，发挥了具大作用，引起了防灾部门和社会的关注。

完善的地震仪网络主要用于发生地震灾害后，为政府、防灾部门和社会各界提供城市市

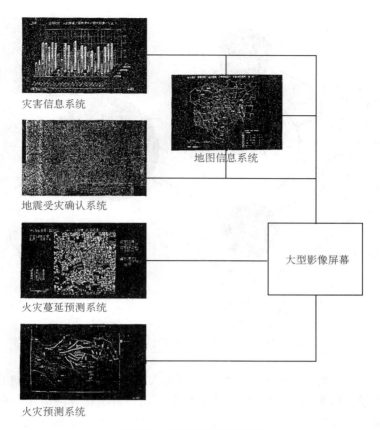

灾害信息系统

地图信息系统

地震受灾确认系统

大型影像屏幕

火灾蔓延预测系统

火灾预测系统

图7-1 防灾信息系统框图

区及其周围在地震时的烈度分布，进而确定破坏程度及其范围，迅速确定抗震救灾初动体制。

2. 灾害信息系统的基本要求

（1）有利于实施灾害对策。东京防灾中心是一个东京都灾害对策的中枢据点。主要目的是为东京综合对策总部迅速准确地收集实施各种对策所必需的信息，向区、市、町、村灾害对策总部等有关的部门提供信息，有效地实施灾害对策，特别是以应急对策为中心的各项对策实施中所必要的信息。

防灾中心将对现在、未来的灾害信息和现在应采取措施的信息及今后应准备的处置策略的种类、内容（手续、场所等）等措施信息能做到迅速、准确地收集和处理，实现决策中心的职能。另外，防灾中心还应协调灾害人员安全状态查询信息软件的系统化等功能（类似系统在印尼海啸中得到了大量使用，在汶川地震期间中国民政部门也有使用，由于系统分布，信息的交互和组网需要协调，编者注）（图7-2）。

（2）先进设备和人员培训结合。以人才和硬件为中心的系统为推进信息系统化，人才和设备（硬件）是同等重要的。①计算机可以收集、处理、判断大量的信息，人可以通过此进行总体的综合的判断。因此，人和机器之间所承担的内容的分工是很重要。让计算机忠诚地

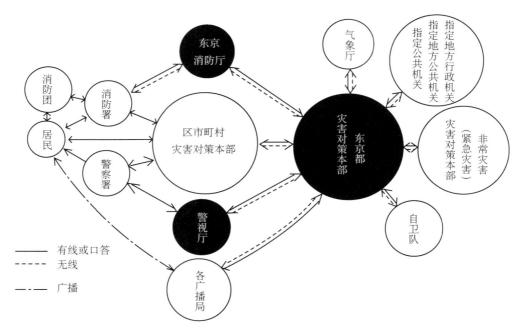

图 7-2 以东京都灾害对策总部为主的信息联络网图

执行规格化的信息的收集、统计工作，所有判断由人进行，或由人机结合进行，进而尽可能地将基本性判断部分标准化（定型化），乃至数据库化、系统化、网络化，最后达到判断某地区如何进行救灾、灾后恢复的目的。②信息提供需实现可视化、汉字化。以前的系统提供的信息多为日文片假名和英文数字等，今后的系统要实现图示输出，数据显示屏、图表终端、日语终端、大型影幕等地图、表、照片等组合形式，还要提供影像等形式。以便决策者从中可获得灾害大概状况、总部运营状况、注意报、警报、气象观测等信息。③要运行简便、易操作。

（3）高可靠性。为确保中心充分的抗震性，除积极采取避震、减震地基等方法外，还要采取预防措施，以应对万一发生故障时，使其影响范围和时间为最小限度等的援助系统（简易性系统、备用系统、双重化机能等）、无停电化、耐雷保护、自动转换运转机能等。

（4）易于管理和维护。在资料输入和维护等方面不能太复杂、太费事是十分重要的；数据有保护对策，主机要设置可确认动作状态的功能；采取自己诊断机能、自动转换运转功能。

（5）具有扩展性。信息系统是根据目前认识水平、实际需要与可能性设计的，属目前阶段水平的系统。随着系统的利用和运转，新业务的出现和信息的增加，以及与其他系统网络要求，这都需要灾害信息系统的软件、硬件等方面就留有增加和扩展机能的余地，在设计时需要考虑其组件性、节段化。

3. 灾害信息系统的主要特点（表 7-1 和表 7-2）

表 7-1 灾害信息一览 1

防灾地域特性信息	防灾支援信息	气象、观测信息	被害信息
• 行政界信息			• 人的伤害信息
• 公共设施等信息	• 基本信息	• 气象信息	• 建筑物破坏信息
• 生命线设施信息	• 组织、联络信息	注意报	• 生命线设施破坏信息
• 土地建筑物状况信息	• 信息格式	警报	上下水道
• 地质地基信息	• 广播信息	一般气象情报	煤气
• 道路网络图	• 资料器料储存信息		电力
• 危险物设施信息	• 人员派遣信息		通信
• 生活环保设施信息		• 河量信息	
• 人命确保设施信息		• 河川水位信息	• 公共设施等破坏信息
• 避难所信息		• 地震信息	土木设施
• 仓库设施信息		• 潮位信息	铁道设施
• 超高层、地下设施信息		• 其他信息	社会公共设施
• 自卫队信息			

表 7-2 灾害信息一览 2

措施信息	申请信息	平安信息
• 总部的设置、运营措施信息	• 申请灾害救助的适用和实施	
• 消防、危险物措施情报	• 申请自卫队派遣	• 死者、受伤者收容状况
• 水防措施信息	• 申请受灾者向其他地区移送	• 道路交通状况
• 警备、交通规则限制信息	• 向都各局、区市町村、有关国	• 失散人员和财产情况
• 避难措施信息	际机构申请支援	
• 救助、急救措施信息	• 申请防灾有关部门派遣	
• 医疗救护措施信息	• 申请应急措施的公开广播	
• 炊料水、食料、生活必需品供	• 申请实施紧急措施	
给措施信息	（向指定行政区内）	
• 紧急输送措施信息	• 申请派遣车辆、物资、人员的	
• 消防、防疫、死者处理措施信息	依据	
• 紧急住宅对策措施信息		
• 教育、金融、劳务措施信息		
• 生命线设施紧急对策措施信息	从各局向指定公共机关、指定	
• 公共设施紧急对策措施信息	地方公共机关、各局	
• 广播、电视措施信息	• 申请设置灾害对策本部	
	（从各局到总务局）	

灾害情报系统是防灾中心设施中极其重要的系统，起着维持维护城市生命财产安全和城市机能的中枢作用。该系统具有以下 8 个特点：

①灾害情报系统必须是有机地综合各种系统、装置、软件、网络的总系统。

②灾害情报系统是一元化管理，集中有效应用灾害发生时大量而多种多样的情报系统。

③灾害情报系统是社会影响大、可靠性、可信度极高的系统。

④灾害情报系统是涉及区市镇村和防灾有关部门等各个方面、收发信息并传达情报的大规模网络系统。

⑤灾害情报系统考虑防灾中心情报并具有扩展性的系统。

⑥灾害情报系统是操作性最佳的人机接口的系统。

⑦灾害情报系统是运用维护、保密性最优秀的系统。

⑧灾害情报系统前提是在决定启动时期之后，能按预定方案正式启动工作的系统。

4. 灾害信息系统组成（表 7-3）

表 7-3 灾害信息系统组成

系统类别		机能	辅助系统	备注
灾害信息收集处理系统	通信系统	信息通信（有声、FAX、数据、影像等）召集职员	东京都防灾行政无线系统	现已有数据线路约 90 条根据需要，呼叫职员
	信息收集系统	观测、观测资料传输，灾害措施信息的收集	气象观测系统 地震观测系统 日常监视系统	以东京都大楼为东京代表点，进行气象和地震观测 属防灾活动所需的各种信息，由常时联机收集处理
	信息处理系统	灾害信息处理（中心设备）灾害信息处理（终端设备）图像信息管理 灾害判读	灾害信息处理的中心系统 灾害信息处理的终端系统 图像信息管理系统（灾害判读系统）	以大楼内设置的灾害信息系统为中心的计算机系统为主，除了通过各种系统进行信息收集处理传输外，对东京都全部防灾信息进行一元化管理
	影像音声信息系统	影像接收、传输、电子会议系统 中心内部声音通讯	音频电视系统 中心内部通信系统	具有能进行多种信息和信息积累、检索、画面表示、通令会议等防灾用的影像、信息利用系统，职员间的电话通信系统
	受灾信息系统	将所有灾情信息都收集，包括警报、受灾状况、活动内容、修复统计等	气象厅、建设局、下水道局等 区市町村、生活网线	动用全市（都）及全国所有手段，进行灾害信息收集、处理、显示
	地震灾害确认系统	气象、地震、雨量等信息、受灾状况、活动内容、修复统计	警视厅直升飞机、电视摄像机、东京消防厅直升飞机、摄像机	直升机从受灾上空摄下影像，重叠在地图上面 掌握其受灾状况

系统类别		机能	辅助系统	备注
灾害信息收集处理系统	火灾蔓延预测系统	预测火灾蔓延状况及方向		
	水灾预测系统	预测海啸、水灾的浸水状况及发展趋势		
	地图信息系统	显示受灾区域,提供该区域的避难场所,避难等信息		
	大屏幕显示系统		静止的、半动图像装置和防灾中心楼顶的摄像系统,及其他单位的电话传真、摄像系统	收录电视多用机系统、移动短频无线电、卫星中断站

5. 信息收集系统

气象局在全国大约 600 地点安设了烈度仪,在 180 地点设立了海啸地震观测设施,通过连线收集地震观测数据,应用地震活动等综合监视系统(EPOS)、地震海啸监视系统(ETOS)进行处理、分析,公开发布地震、海啸信息。

消防厅利用烈度信息网络系统整备事业,在全国都、道、府、县,市、镇、乡大约 3400 地点设立了烈度计,即时收集这些烈度仪观测到的烈度信息,并向消防厅报送,促进了广域支援体制的确立。

独立行政法人防灾科学技术研究所在全国大约 1000 地点设立了强震仪,以通讯网络收集、传送地震信息设施,并将此灵活应用于地震发生时的初始对应等。

关于雨量、积雪等信息,气象局利用局部性气象信息观测的地区气象观测系统(AMe-DAS)、同步气象卫星收集云的分布、高度等观测数据,通过气象数据综合处理系统(COS-METS)进行分析和预测等。气象局处理、分析后的信息,通过气象局总厅设立的气象信息传送处理系统迅速传送给内阁机关、防卫厅、消防厅、海上治安厅等中央府省厅及国土交通省地方整备局、地方公共团体(图 7-3 和表 7-4)。

1)地震海啸和烈度信息

①地震活动等综合监视系统(EPOS);

②地震海啸监视系统(ETOS);

③消防厅:烈度信息网络系统(3400 个观测点);

④文部省:全国强震仪(1000 个)网络。

2)雨量积雪信息

①地区气象观测系统(AMEDAS);

②国家气象卫星系统(GMSS);

③国土交通厅:河流信息系统(雨量、水位)。

3)地震发生后烈度信息的应用

4）处理

6. 地震灾害信息系统（DIS）

地震灾害信息系统由基础信息系统和灾害早期判断系统组成：

1）基础信息系统

（1）地形、地基、人口、建筑物、设施信息。

（2）数值地图和影像图。

（3）地理信息系统 GIS（基本地图、自然条件、社会条件、公共设施、防灾设施、防灾信息库等）。

2）地震灾害早期评价系统（EES）

（1）应急对策支援系统。

（2）防灾信息库。

（3）网络化。

3）地震灾害分析委员会

（1）制定灾害评价调查计划。

（2）制定灾害应对策略。

（3）管理灾害恢复进展。

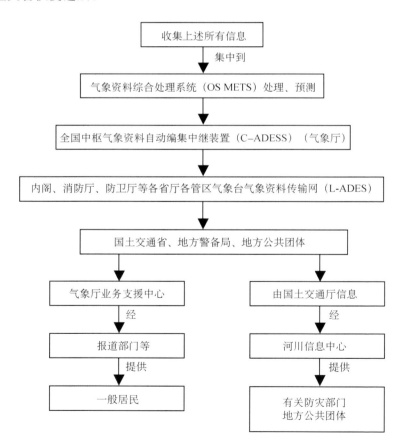

图 7-3　信息收集传送流程

表 7-4　调查项目和分工

类别	项目	承担单位
自然现象	①地震史；②地基；③地质；④地震动；⑤地基液化；⑥海啸	负责地震、地基、海啸研究等部门
建筑物	①建筑物；②落下物；③砖、石、土质围墙；④屋内构件	负责建筑物研究等部门
道路、海湾	①道路；②铁路；③港湾；④河流堤防；⑤地震水灾；⑥地下街；⑦海啸沿河道上涌	负责道路、港湾研究等部门
生命线设施	①上水道；②城市煤气；③电力；④电话；⑤下水道	负责供应处理设施研究等部门
危险物	①引火性可燃性液体；②LP 气体；③剧毒物；④少量、微量危险物；⑤其他危险物	负责危险物研究等部门
地震火灾	①火灾；②消防力的调配；③延烧；④火灾损失；⑤其他地震火灾	负责火灾研究等部门
人的伤害	①死亡；②伤害	负责人员伤害等研究等部门
社会生活	①归宅困难；②食料饮水、生活必需品物资的缺乏；③居住制约；④就业制约；⑤教育制约；⑥其他社会生活的障碍	负责社会研究等部门
岛屿灾害	①地震、地基、海啸；②建筑物；③道路、港湾等；④供应处理设施；⑤危险物；⑥火灾；⑦观光客对策	负责岛屿研究等部门

三、观测数据处理与公布的要求

1. 地震观测数据的一体化处理

阪神地震后，日本地震研究者和有关防灾人员之间经常使用的一个词是"一元化"。阪神地震 10 年后，日本的地震观测数据处理体制发生了很大的变化，实现了一元化数据处理。

1）一元化处理之前的地震观测体制

日本近代地震观测自明治时代起步以来，在地震学和观测技术两方面都得到很大的发展和进展，即使在 1995 年阪神地震发生时，日本的地震观测也具有世界上密度高和高检测能力（小地震都能观测到的能力）。

当时，日本的地震观测网、分析处理其资料的部门，总体上划分有气象厅、大学、防灾科学技术研究所。

气象厅通过 1994 年建设完善的海啸地震早期检测网（全国约 180 个点布设的地震仪）进行全国的地震观测和震源确定。在此之前，基本上是主要以大、中、小地震（2 级以上）为对象通过全国的气象台等配置的地震仪进行观测的。自海啸地震早期检测网建成后，也能观测到小地震了。然而，气象厅与大学、防灾科学技术研究所相比，观测更小的地震的能力还是不足（图 7-4）。

北海道大学、弘前大学、东北大学、东京大学、名古屋大学、京都大学、高知大学、九州大学、鹿儿岛大学等各大学主要以观测微小地震为目的，在各自对象范围运营微小地震观测网，进行观测和数据处理。各部门的观测结果除供各大学地震研究利用之外，在东京大学地震研究所的地震预报研究中心进行综合处理，作为震源数据用于地震研究中。

防灾科学技术研究所在关东、中部地区建设了地震观测网，进行微小地震观测和数据处理。同大学一样，将其结果应用于地震研究。

各部门按各自的目的（如气象厅主要进行防灾，大学、防灾科研所主要进行地震研究）进行观测，各自分析并占有观测结果。当然，也根据需要部分地进行相互提供和利用地震数据，但基本上是各自独立操作的。

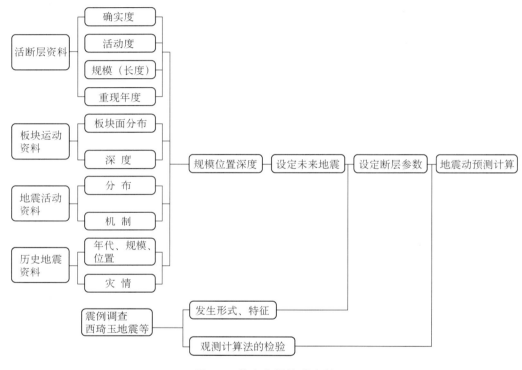

图 7-4　信息分析处理流程

2）数据处理一体化过程

1995 年 1 月 17 日发生的阪神地震，造成了 6000 多人死亡，是日本战后最严重的一次地震灾害。基于这次灾害的教训，1995 年 7 月制定了《地震防灾对策特别法》。该法的制定推进了日本全国范围综合性地震防灾对策。另外，根据该法，政府设立了地震调查研究推进本部，一元化地震调查研究得以推进。

在这样的体系下，形成了开展地震调查研究，将各部门地震观测数据集中汇总处理、其结果可以被地震研究者、防灾工作人员、一般国民广泛利用的机制。

在这一机制中，气象厅从 1997 年 10 月开始履行收集大学、防灾科学技术研究所等地震观测数据，和文部科学省合作，数据处理中心作为分析处理的业务部门，将各部门的地震观测数据集中汇总，亦即是一体化地收集处理，这就是大家所谓的"一体化"。

3）数据一体化流程

气象厅本厅、各管区气象台、冲绳气象台（以后简称管区气象台）各负责各自管区范围内发生地震的处理。管区气象台除实时传输所负责的管区内的气象厅地震观测网的数据外，还要实时传输其他部门地震波形数据。每天管区内发生了地震，从微小地震到大地震，要处理地震波形和确定震源。震源确定的结果，经过一定的质量管理后，由气象厅本厅将其集中汇总作为全国的统一的震源数据公布。通常是当天发生的地震，在第二天的傍晚完成质量管理，作为临时处理结果可供使用（图 7-5）。

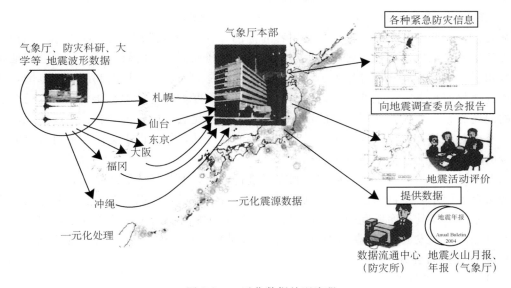

图 7-5　一元化数据处理流程

处理结果除被用于气象厅负责的各种防灾信息（地震发生状况的解说和余震发生概率等）外，还要以地震调查委员会的调查资料形式成为日本全国的地震活动评价的基础资料。另外，也可作为一元化数据用于数据流通中心的防灾科学研究所的网上。

最终性一体化数据处理的成果（震源、监测值的确定值）由气象厅完成。作为地震火山月报目录编和地震年报（CD-ROM），由气象业务支持中心分发。

数据处理的一体化最重要的效果，是在日本全国对从微震到大震的大范围内的地震进行标准化处理，以同一处理方法确定出统一的地震源数据，且得出的数据被许多人广泛利用。

2. 即时公开全国强震观测网的记录

强烈地震动的监测称之为强震观测。强震观测不仅记录大地震的走时过程，而且还测到具有广义强震观测的强地震动的最大值和计测烈度。强震观测在经历阪神大震灾后 10 年后有了很大的变化，取得引人注目的进展和成果。

1）各部门开展与其目标要求相适应的观测

在阪神大震灾后的 10 年期间，强震观测发生最大变化的是充实完善了全国规模观测网。为推动日本强震观测，日本成立了由从事强震观测的官民各方面部门组成的强震观测事业推进联络会议。该组织在 10 年前制定的全国强震仪配置计划等指导下，经过 10 年推动已取得实效，并且规定了在互联网上即时公开测定后的强震记录的方向。这 10 年中，由于实施该计划和遵循即时公开强震观测记录的方针，使强震观测记录得到应用。2004 年 10 月 23 日新潟县中越地震时，互联网上立即公开了在震源区得到的强震记录，连余震记录也全部发布出去，可以说这是这 10 年中特别值得赞许的发展。当初，在互联网转输这些记录时，还引起议论。现在各部门都在按各自目的充实强震观测网并运用它。其中具有代表性的是防灾科学技术研究所在阪神大震后建设的 K-net 和 KiK-net 观测网。地震仪的生产技术和电子技术现代化的发展、通信技术的提高、强震仪更加容易维护管理，使其成为可能，只要在日本内陆发生 7 级以上地震，就可以获得该震源区的强震记录。

2）强震仪记录方法的普及和扩大利用是一个待解决课题

强震记录公开系统的确立扩大了利用者的范围，并可望促进地震学和地震工程的发展，为地震断层的详细破裂过程的研究、地震波在传播路径如何变化的研究进而定量掌握地震波在软堆积层增幅状况的研究等作出很大贡献，遗憾的是如何进一步扩展利用者的范围，其中最关键的是如何将强震记录处理好，释义到科普启蒙程度，并能让学生能接受，这是今后应解决的问题。另外，随着强震记录的不断积累，对过去无法解读的大地震也可以重新认识和判读，至少对比较大的地震发生超过重力加速度的强震动，今天也不会认为不可思议的，根据很少的信息量是无法构建各种抗震标准等。

随着强震记录的大量积累和面市，则需要进行管理。但若强调加强管理，一些非特定用户就无法自由使用，反过来还可能影响强震观测本身的发展，所以要进一步完善强震观测和记录公开系统，使其有序顺利的发展，这就需要建立一个井井有序的管理体系，即充实强震观测网（经济得以发展）、提高利用成果（文化成果）、记录流通系统、管理规范化。

3. 数据流通与公开

1）Hi-net 数据概况

Hi-net 由目前约 700 个点地震观测设施构成。高灵敏度地震仪灵敏度非常高，能捕捉到车或工厂作业等振动。为避开这样的干扰，更准确记录地下来的信号，Hi-net 把地震仪设置在 100m 以上井底。设置场所若判定城市市区附近干扰较大场合，则井要挖到 200～300m。

属于 Hi-net 网的大学、气象厅等部门所有的高灵敏度地震观测数据要连续用实时方式相互流通，按各自的目的可利用全部数据的环境。防灾科学技术研究所作为数据流通、保存、公开中心，所有地震波形数据全部档案化，通过互联网，全部公开。另外，气象厅作为数据处理中心，所有的数据全部一元化处理，进行震源确定和确定发震机制解，及时准确掌握全国的地震活动状况。作为广泛被采用的各种研究的基础性数据库，防灾科研所 Hi-net 的质量最为优秀。

2）观测结果均要公开并实现方便的交换

原则上按计划开展的基础调查观测等的结果均要公开，并实现顺利的交流。为此，还需理顺调查结果的收集、处理、提供等类似数据中心的交换运行机制。根据计划，在地震调查研究推进本部政策委员会调查观测计划部会内成立调查观测结果交换工作小组，并于 1998 年 5 月提出"关于推进地震基础调查观测结果交换（高灵敏度地震观测）的报告"。报告规定，新观测点的原始数据（连续波形数据与事件波形数据）由防灾科研所与管区气象台等收集，原数据库利用互联网公开。

1999 年，新观测点的连续波形数据，由防灾科研所完成从原数据到处理数据的各种数据库，提供数据中心机能作用。各管区气象台等也要建设能迅速处理数据的机能机构。新观测点的连续波形由防灾科研所、管区气象台收集。通过加强线路和管区气象台进行数据交换的大学，也可以得到管区气象台集中的新观测点的数据。

1999 年 4 月在防灾科研所建设并形成积累处理连续波形和起数据库作用的防灾研究数据中心，实现观测结果流通的机能。数据中心所积累的连续波形数据和处理数据等，从1999 年底通过互联网广泛向一般国民提供（图 7-6）。

图 7-6 防灾科研所防灾研究数据中心与防灾研究数据中心的地震数据通过互联网公开

3）Hi-net 数据流通与公开

防灾科技所 Hi-net、大学、气象厅等的高灵敏度所有地震数据最终都要形成实时的相互流通、按各自的目的利用所有数据的环境（图 7-7、图 7-8）。

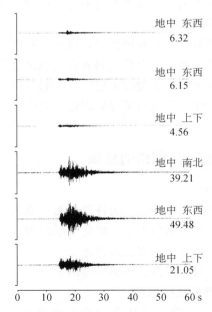

图 7-7 高灵敏度地震观测设施——强震仪观测到的强震波形

（熊本县三角的观测井深 300m 取得了 2000 年 6 月 8 日熊本县 4.8 级地震的波形，观测点距震中约 24km。图上部，是 1 个地下强震仪；图下部，是 3 个地震强震仪记录波形，数字为地震动强度，单位为加速度单位，cm/s² （Gal））

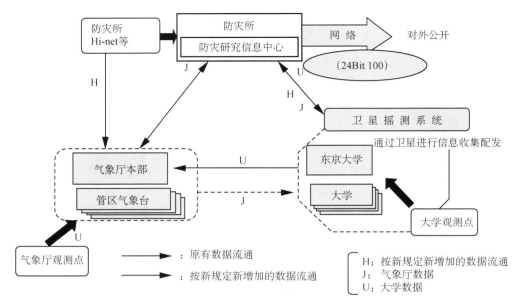

图 7-8　高灵敏度地震观测数据流动与公开

4）信号处理与发布

地震仪的信号传输到最靠近管区的气象台和防灾所，结合其他点的观测资料用于震源确定等处理中。有关震源信息和各地地震动等信息通过互联网对外发布。

4. 信息流通及公开的效果

高灵敏度地震数据和处理结果在互联网公开，网址及其内容与日俱增。截至目前，有感地震的烈度信息是通过电视等流通的。今后无感微震信息也会公开，全国的地震波形记录也是连续可视的。可以说，这对于深入准确探索地震现象起到根本变化和很好效果。因此，继续推进高灵敏度地震观测网，继续构筑高精度处理结果数据库，对推动和支持目前和今后的地震调查研究是非常必要的。

四、建设完善灾害信息通信网络的总则

1. 信息通信体制的建设原则

（1）建设能抗震的通信设施、防停电用的特殊电源，强化图像传输功能。

（2）通信线路多元化、卫星通信的引进，强化通信网的备份体制。

（3）防灾部门之间通信联络与协调方法的改进。

（4）编制防灾设施应用手册、科普宣传和实施演练等。

2. 信息通信网络建设完善的法律依据

作为灾害时有效通讯方法，每个应急部门都要建设专用的通信网。由中央防灾网和消防防灾无线网是这些电通信网中的专门用于灾害处理和指挥的通信网络，他们由都道府通信网，县防灾行政无线网和市、镇、乡防灾行政网，防灾互相通信网等系统组成。

3. 防灾信息系统的策略

防灾信息是灾害及平时一切防灾活动的基础，实现共享共有化是防灾社会的前提条件。

2003 年 7 月，在关于中央防灾会议防灾信息的共有化的专门调查会上，就各行政部门防灾信息系统有机合作的理想状态，行政和居民，居民和居民之间的防灾信息的共享、科学的防灾信息的提供等问题，汇总并提出了的报告。

2004 年 6 月在《e-Japan 重点计划 2004》（先进信息通讯网络社会推动战略（IT 战略）决议）里，提出了加速防灾领域的信息化的 5 个领域和 5 项重点政策；在 2006 年 1 月的 IT 战略规划里，又提出应促进向公民提供防灾内容、防灾和治安信息基础先进性和基础性，防灾信息共有平台的扩充等课题。

4. 防灾信息共享平台（图 7-9）

防灾信息共享平台应是多个防灾部门横向共享的，防灾信息标准化将国家、地方公共团体等各部门和居民等信息都集成通用的系统里，不管是谁的信息都可以实现均可查阅、检索、利用。

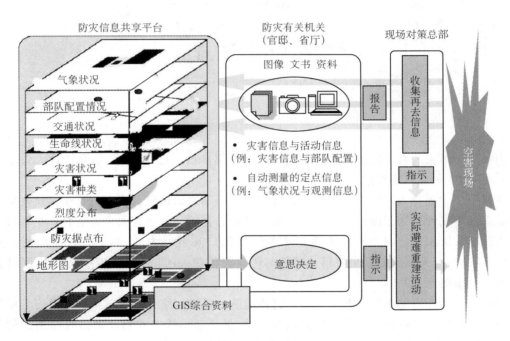

图 7-9　防灾信息共有平台

通过建设防灾信息共享平台，把可以及时掌握灾害整体情况的计算机分析信息和人造卫星、飞机的观测信息以及不分官民的各部门获得的信息综合起来，使迅速充分地掌握灾害时灾害全局面貌成为可能。而且，将在灾害现场的灾害信息和各部门的活动信息作为通用的地图信息，以横向的便于了解的形式使其共享成为可能。通过这样的信息共享系统，实现了有关防灾部门信息集成，是信息和质量的传递更加方便。同时，使得抗灾物资调配、紧急运输路线协调、医疗运送协调、灾后救助等基础工作高效率工作成为可能，有助于提高大规模灾害的灾害对应能力（图 7-10）。

图 7-10　应用平台提升灾害对应能力

内阁府与国家的有关防灾部门的防灾信息的共享平台，已于 2005 年度建设成为基础的系统，在 2006 年度以后将进一步扩充、加强。

在经历了"阪神大地震"的浩劫后，日本政府深刻地认识到，防灾信息化建设在应急过程中的极端重要性，为了准确、迅速地收集、处理、分析、传递有关灾害信息，更有效地实施灾害预防、灾害应急以及灾后重建，日本政府于 1996 年 5 月 11 日正式设立内阁信息中心，以 24 小时全天候编制，负责迅速搜集与传达灾害相关的信息，并把防灾通讯网络的建设作为一项重要任务。

目前，日本政府基本建立起了发达、完善的防灾通讯网络体系，包括：以政府各职能部门为主，由固定通讯线路（包括影像传输线路）、卫星通讯线路和移动通讯线路组成的"中央防灾网"；以全国消防机构为主的"消防防灾无线网"；以自治体防灾机构和当地居民为主的都道县府、市、町、村的"防灾行政网"；以及在应急过程中实现互联互通的防灾相互通讯用网等。此外，还建立起各种专业类型的通讯网，包括水防通讯网、紧急联络通讯网、警用通讯网、防卫用通讯网、海上保安用通讯网以及气象用通讯网等。

五、专用防灾通讯网络体系

自然地理的原因，加上无线通信技术的广泛普及，日本的防灾通讯网络基本依托无线通信技术。专门用于灾害对策的无线通讯网络包括中央防灾网、消防防灾无线网、都道府县防灾行政无线网以及市町村防灾行政无线网等（图 7-11，图 7-12）。

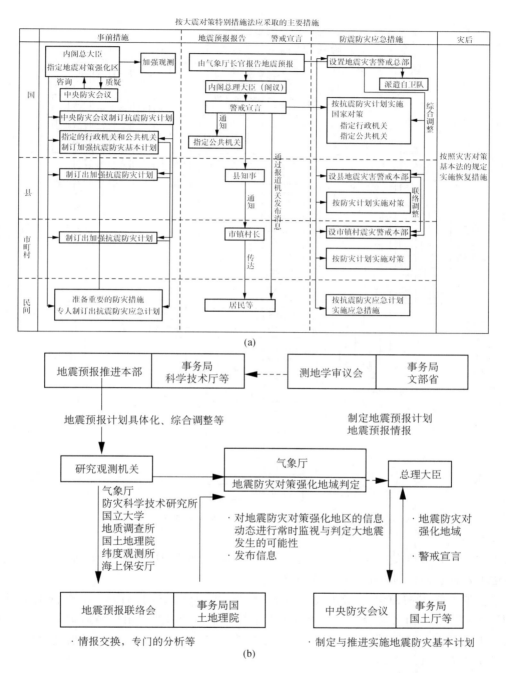

图 7-11　大震灾时从中央到地方对策体系（a）与地震预报体制系统图（b）

1. 联络各防灾机关的中央防灾无线网

中央防灾网是在地震等的大规模灾害发生时，为确保总理大臣官邸、中央省厅和全国防灾部门互相的通讯而建设的政府专用无线网。中央防灾网应对在大规模灾害发生时电信通信的电路中断、电话蜂拥而至通讯电路壅塞、整个通信陷入极度困难的情况，以能够在非常灾

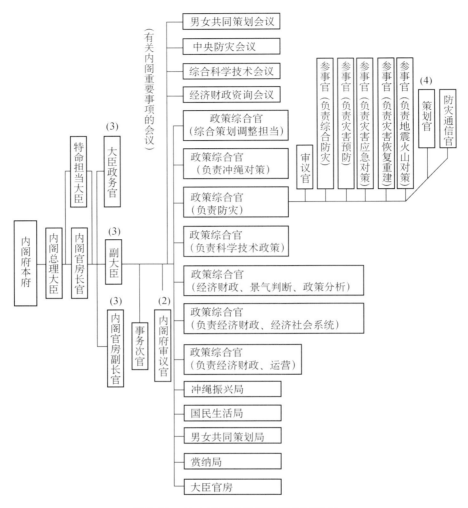

图 7-12　日本国家防灾通讯组织网络图

害发生时，实现对地震灾害指挥部、总理大臣官邸、指定行政部门、指定公共部门等之间收集传达灾害信息的为目标的网络体系（图 7-13 和 7-14）。

这个中央防灾网总共联络了总理大臣官邸、27 个国家的部门，54 个指定公共部门（NHK、NTT、电力公司等）和包含有灾害指挥中心预设施的立川广域防灾基地内的 11 个网点。中央防灾网还要建立国家和地震现场灾害指挥中心以及 47 个都道府县之间的联络，紧急时提供热线（图 7-15）。

中央防灾网在灾害发生时的第一应对措施体系上提供不可缺少的通讯手段，以 24 小时常态的机动地进行和相关部门的联系。

这个防灾网大致由固定通讯电路（含有画像传送电路。）、卫星通讯电路、移动通讯电路构成。

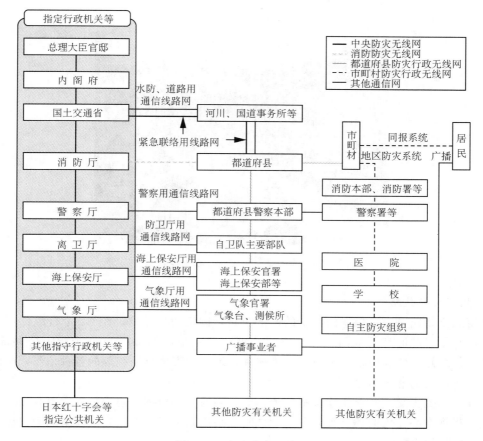

图 7-13　中央防灾无线网

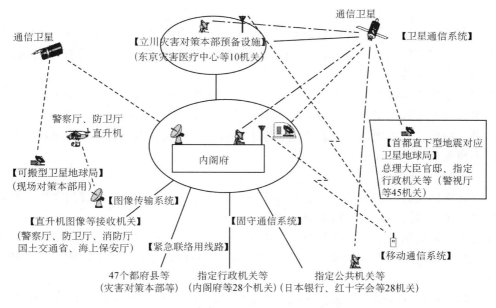

图 7-14　日本中央防灾通讯网络结构概念图

图 7-15　政府紧急灾害对策本部视频会议

1）固定通讯线路

固定通讯线路是防灾信息的骨干的通讯线路，固定通信线路联络 22 个行政部门、地震相关大臣官邸等政府有关部门和 9 个立川广域防灾基地内的部门、19 个指定公共部门等，在固定通信线路上传递电话、图像、灾害视频、地震防灾信息系统等的各种信号，中继、转发来自内阁部门的各种指令。

另外，与国土交通省互相连接都、道、府、县的灾害指挥中心和总管大臣官邸及包含国家的灾害指挥中心在内的和有关防灾省厅之间都采用固定通讯线路直接联络的通讯体制。

2）卫星通讯线路

对于因远离内阁部门的不便采用固定通讯线路联接的 36 个部门之间的采用用卫星通讯线路联接。

对于首都地区正下面大规模地震，中央防灾网还做为固定通讯线路损坏不能使用情况下后备系统，总理官邸以及内阁部门等指定行政部门、首都内所在的 45 个指定公共部门等，配备可搬运的卫星通讯装置。

确保国家灾害指挥中心和现场灾害指挥中心之间快速的通讯，预先在全国 9 个地方配备可搬型卫星通讯装置。紧急时，可以建立卫星通讯线路而确保通讯。

如果东海地区发生地震，在发送地震警报时将尽快地成立国家的现场境界指挥部，在静冈县厅内预先设立卫星通讯装置。

3）灾害视频共享

中央防灾网是日本目前唯一的总理官邸、中央省厅、其他有关防灾部门在紧急时可共享灾害视频图像等信息的防灾无线电通信网。

通过中央防灾网，警察署、防卫省、消防厅、国土交通省、海上保安厅等均可得到从直升飞机传送的即时的灾害视频图像，并在防灾部门之间相互交换，为灾害刚发生之后的应急对策做贡献。

中央防灾网，在和政府的紧急灾害指挥中心和当地灾害指挥中心的间电视防灾会议利用，在和灾害当地的信息共享上发挥威力。

中央防灾网使用先进的 IP 化技术，为获得现场音视频信息创造便捷条件和环境（图 7-16）。

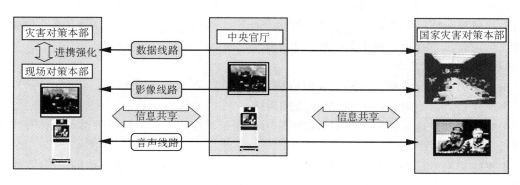

图 7-16　中央防灾无线网的灾害时的映像信息等共有图

4）支持防灾信息共享平台的中央防灾网

中央防灾网是为有关防灾机关互相间共享各种防灾信息、由内阁府推进建设的防灾信息共享平台的通讯基础（图 7-17）。

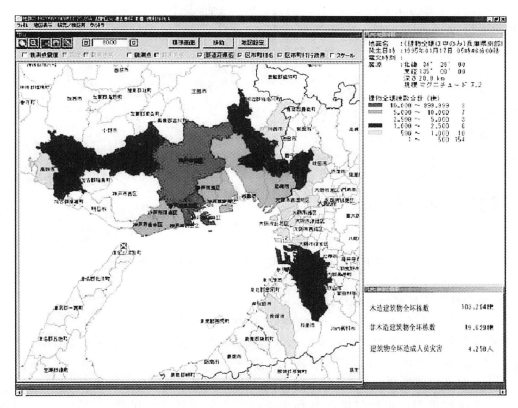

图 7-17　防灾信息系统（DIS）提供的阪神淡路大震灾建筑物灾害分布示意图

中央防灾网还集成了综合地震灾害早期评价系统（EES）和有关防灾部门生命线等灾害

预估信息，地震防灾信息系统（DIS）等多项功能。

通过计算机网络的 IP 化技术，中央防灾网将各种数据、图像、电话、传真、电子邮件的信息均可从相同终端获得。中央防灾网也是地震、海啸等发生时，政府调查团和现场指挥部在现场进行信息收集、通讯保障的有力手段。

5）信息通讯技术 ICT

中央防灾网积极地使用不断进步的信息通信技术，不管发生在何时、何地、何种灾害，都可迅速地收集、处理、提供与此相应的正确的、准确的灾害信息。

中央防灾网快速无线宽频数字通信网络可实现把从直升飞机摄影下的动态画像等灾害信息进行双向传达。

中央防灾网推动使 IP（互联网）用于灾害时的信息通讯，存进便捷的高质量的信息共享。

中央防灾网将地面通信系统、卫星通信系统、移动通信系统等各式各样的通讯网密切联接，达到灾害时高可靠性、无障碍性的信息传输的目标（图 7-18）。

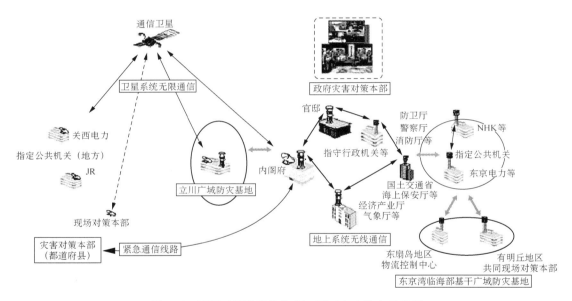

图 7-18　ICT（情报通信技术）用于中央防灾无线网

6）中央防灾无线网的网络构造

（1）无论何时、何地、发生何种灾害都能应对的运行体系：

①中央防灾网为在紧急灾害时，能迅速地收集准确的灾害信息，传送到总理官邸和有关防灾部门，该系统坚持 24 小时值班体制（图 7-19）。

②当一部分网络因故障等原因使能力降低，可通过迂回通讯线路构成运行网络。

③当市电停电时，可通过电池和预备发电装置等继续供给电源，以稳定、维持通讯功能。

④在发生大地震等灾害时，当通信、电力这些生命线尽管受到损害，中央防灾网运用一切手段确保正常功能，以支持政府灾害时的初动体制。

图 7-19　24 小时运行体制

⑤中央防灾网在内阁府的统一指挥下，高效率发挥其作用，做好灾害时通讯信道维持运行。

（2）地面通信系统：

①固定无线电路。

中央防灾无线网通过微波固定无线线路与官邸等指定行政机关（31 个）、公共机关（19个）和立川广域防灾基地内的机关＝（11 个）进行联络。

②紧急联络用线路。

中央防灾无线网通过与国土交通省建立的水防、道路通讯线路和固定无线线路连接，据此确保全国 47 个都道府县灾害对策本部设置时紧急联络用线路（电话、FAX）。

③现场指挥中心视频传输线路。

为预防东海的地震，内阁部门指定要求需要地区的市镇村的都县之间的灾害视频传输用的光纤线路。通过使用国土交通省光纤线路网络，确保 10 个都县之间设置灾害指挥中心视频专用线路畅通（图 7-20，图 7-21）。

图 7-20　7.5Ghz 大容量微波无线设备抛物线空中线

图 7-21　灾害现场调查情况

（3）卫星通信系统：

①现场指挥中心可搬型卫星通信系统。

中央防灾网在地震和火山喷发等自然灾害发生时，通过可搬型卫星通信设备确保总理官邸的政府紧急灾害指挥中心和在灾害现场设立的现场灾害指挥中心的紧急信息通讯手段。

可以搬型卫星通信在全国设 9 个设备储备点，在灾害发生时，以最短时间向灾害现场派遣人员构筑紧急通讯线路，与现场指挥中心的设立同时，确保灾害图像传送、电视会议、电话、FAX 等通讯线路畅通。

②东京外有关部门的固定型卫星站。

中央防灾网通过固定型卫星卫星站设备确保全国主要的指定公共部门和和政府的紧急灾害指挥中心的防灾信息的信息通讯线路畅通。

③首都可搬运型卫星站。

如果发生首都直下型地震造成大规模的通讯障碍时，中央防灾网因为支持援助中央省厅等需要的信息通讯线路，应将可搬型卫星站设备配备在地面通信网络控制点上，构建临时通信系统（图 7-22）。

（4）应急移动网络：

首都直下型等大规模灾害发生时，一般公共通信网的将受到中断、壅塞的影响，灾害指挥通过移动系网络确保通讯。移动局设备有车载型、可搬型的 2 种。部署在指挥中心，工作人员寓所等地方（图 7-23）。

移动通讯线路是为了即使在移动时或未投入应急工作时灾害指挥人员等之间也能联络而建设的，在东京都内 4 处设立基地局，在车辆、灾害处置人员等住处等配备无线电话装置，以求确保通讯（图 7-24）。

2. 消防防灾网

消防防灾网连接消防署与都道府县，由防灾地面系统、卫星系统、消防厅与都道府县联

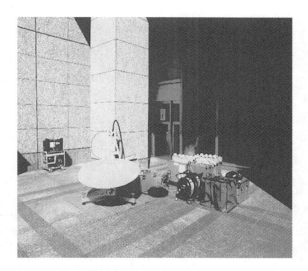

图 7-22　可搬型卫星站设备配备（14/12GHz 带）

图 7-23　居住地配备的可搬型外观

络的无线网等组成：

1）地面系统

以电话或传真通报全国都道府县之外，用于收集与传达灾害信息。使用国土交通省的无线设备和设备，除支持消防厅对全部都、道、府、县电话、传真之外，地面通信系统还应用于灾害信息的收集、上报等。

2）卫星系统（地区卫星通讯网络）

它连接消防署及全国约 4200 个地方公共团体的卫星通信网路，以电话或传真通报都道府县和市町村及消防总部，还可用于个别通信以收集与传达灾害信息（包括影像信息），并可充实防灾通信体制，以弥补地面系统功能的不足（图 7-25）。

卫星系统承担消防厅和全国 44 个都、道、府、县之间的联络，除正常声音通讯外，要

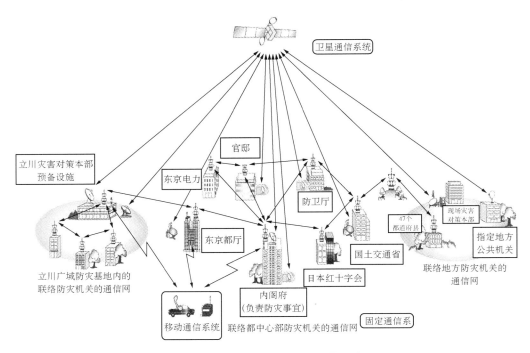

图 7-24　灾害时通信联络的通信网络

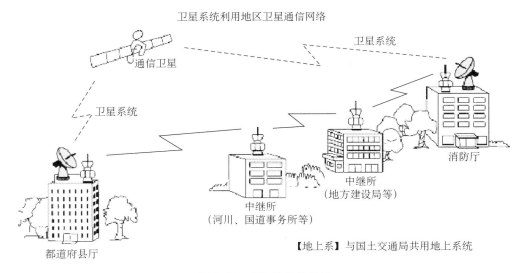

图 7-25　消防防灾无线网

使同时进行数据通讯、图像传送，卫星系统还作为与市、镇、村防灾行政无线网的无线广播相结合的系统，作为消防厅向居民迅速地传达海啸警报和紧急地震快报、紧急火山信息等紧急信息的全国瞬时警报系统（J—ALERT）进行应用。

3. 防灾行政网

防灾行政网分为都道府县和市町村两级，用于连接都道府县和市町村与指定行政部门及其有关防灾当局之间的通信，以收集和传递相关的灾害信息。

1）都道府县防灾行政网

都道府县防灾行政网由都道府县、市町村、防灾部门之间的防灾通信网等组成。市町村防灾行政无线网由组成。回报系和地区防灾系。

作为都道府县及其派出部门，市镇村、防灾部门之间建设以固定通讯网为中心的地面信道、地区卫星通讯相结合的通信系统，进行信息的收集和指挥命令传达（图 7-26）。

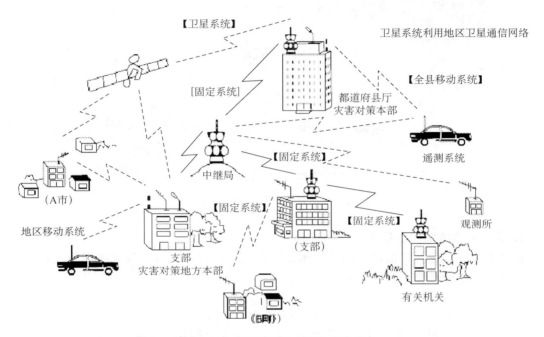

图 7-26 都道府县防灾行政无线网

2）市镇村防灾行政网

市镇村防灾行政网是市镇村收集灾害信息，或者为使地区居民众人皆知灾害信息而建设的无线电通信网。它是联络市镇村政府和室外扩音子局、家庭内的个户接收机组成的同报系统，市镇村办公楼舍（基地局）和车载型、可搬型的无线电话装置或无线电话装置互相间被运用的移动系统，以及和市镇乡楼舍、学校、医院等有关防灾机关，由联络有关生活机关的地区防灾系统构成。

目前，市町村级的防灾行政无线网已延伸到街区一级，通过这一系统，政府可以把各种灾害信息及时传递给家庭、学校、医院等机构，成为灾害发生时重要的通信渠道和手段。

4. 防灾互动通信用无线网

为防备地震灾害、飓风、联合企业等大规模灾害时出现通信问题，日本政府专门建成了"防灾相互通讯网"，可以在现场迅速让警察署、海上保安厅、国土交通厅、消防厅等各防灾相关机关彼此交换各种现场救灾信息，以更有效、更有针对性地进行灾害救援和指挥。目前，这一系统已被引至日本的各个地方公共团体、电力公司、铁路公司等（图 7-27）。

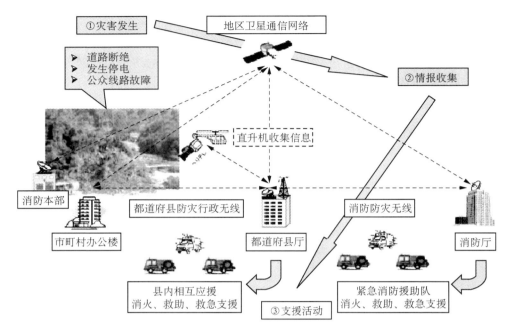

图 7-27 灾时灾区信息收集体制

5. 完善地震防灾信息系统

阪神大震灾应急对策活动说明，迅速地掌握灾区情况，同时，根据实际情况，综合信息，重新决策十分必要（图 7-28）。

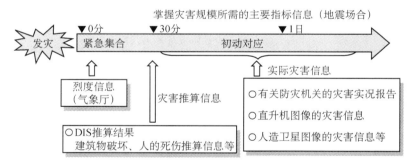

图 7-28 地震防灾系统（DIS）概要

内阁府鉴于这样的经验，一方面建设完善将各式各样的防灾信息和通过计算机上的处理绘成数值地图进行管理的地震防灾信息系统（DIS：Disaster Information Systems），另一方面，从 1996 年 4 月启动了可掌握地震后大致灾害情况的地震受害早期评价系统（EES：Early Estimation System）（图 7-29）。

这个系统一方面满足了地震灾害越严重越需要紧急、大规模对策的需要，另一方面，还可以解决无论在时间上还是在数量上判断所必要信息不足的问题（它可将震后 30 分钟以内

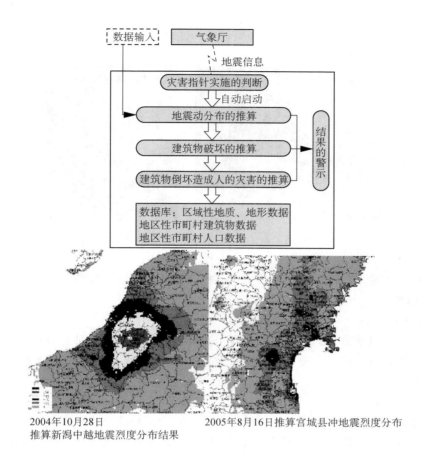

2004年10月28日
推算新潟中越地震烈度分布结果

2005年8月16日推算宫城县冲地震烈度分布

图 7-29　地震灾害早期评价系统（EES）

推算地震灾害规模的大概情况，作为国家迅速准确做出初动对策的判断数据，提供给国家有关防灾机关）。

本系统在发生 4 级以上烈度的地震时自动启动。地震发生之后，基于气象局送的烈度信息和预先存储数据库的全国各市区镇的地基、建筑物（建筑年限、构造类型）、人口（不同时段）等数据，推算伴随建筑物的全毁破坏数量所造成的伤亡数量等灾害概况。

6. 卫星遥感灾害识别系统

本系统的功能在于大规模灾害发生时，可以在大尺度范围获取人造卫星等图像，即使交通、通讯网的中断下，也能尽早掌握灾害信息、迅速准确确定的灾害初步处置措施为目的而建设完善的。

现在，已有多个人造卫星系统可以提供遥感图像信息，但是所有这些卫星可以提供日本全境遥感图像需要很多天，同时还受到，卫星分辨率低、光学传感器在夜间和坏天气不能摄影等条件限制。为此，为了地震灾害后尽可能早的获取到遥感图像，并能迅速地分析受灾情况，掌握灾害情况，遥感灾害分析应具备功能（图 7-30）：

（1）对象范围的选取功能：可以从 DIS 灾害推算信息为基础，确定应当拍摄的对象地区。

（2）受灾地区的抽取功能：将取得的受灾后的画像数据和预先事先存储的受灾前的数据

— 127 —

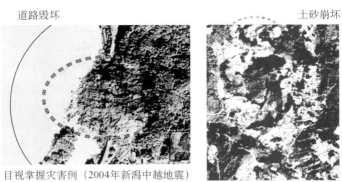

道路毁坏　　　　　　　　　　土砂崩坏

目视掌握灾害例（2004年新潟中越地震）

图 7-30　卫星摄下的灾区影像图例（2004 新潟县中越地震）

进行比较，那个差距大的地区作为受严重灾害性大的地区给以抽取和检索。

7. 其他网络

1）简易通信设备

总务部，为应对地方公共团体等的灾害信息的收集和灾害应急对策的实施所必要的通讯方法的不足，需在全国的综合通讯局等配备卫星手机、手机、简易无线等无线设备，建设能满足要求的通信体制。

2）映像信息的活用

根据直升飞机等获得的灾害现场的映像信息，对于正确地抓住灾害的全貌非常有效，因此，在具有直升飞机映像传送设备等装备的警政署、防卫厅、消防厅、国土交通省和海上治安厅的共同合作下，内阁府的直升飞机灾害映像传送系统得以充实和加强。通过直升机映像接收设备，实现了灾害现场图像信息向内阁府传输等系统。

另外，为了将发送来的现场灾害映像信息配送到总理大臣官邸和各行政机构，还要建设映像传送线路。同时，为了适当地确定受灾地点，还要引进收集配有直升飞机位置信息的直升飞机定位信息系统。建立各省厅收集的现场灾害图像信息配送给首相官邸与防灾部门的中央防灾无线网图像传输线路。

3）广播信息的传达

为使居民皆知灾害信息，除防灾无线网外，广播是有效的应用手段。灾害对应在防灾无线网、日本广播协会，和一般广播业者之间要签定关于灾害时广播要求的协定，建立有关灾害对策的共同合作体制。

4）其他可利用的线路网络

（1）水防、道路用通信线路网（国土交通厅）。

（2）警察用通信线路网。

（3）防卫用通信线路网。

（4）海上保安厅通信线路网。

（5）气象用通信线路网。

（6）紧急联络用线路。

另外，灾害时灾民最着急的是亲朋好友的安全，这也要需要联络设施设备（图 7-31）。

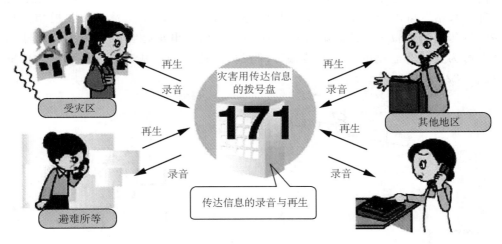

图 7-31　灾害时信息传达方法

六、现代信息通信技术的应用

日本是世界上信息通信技术最为发达的国家之一，信息通信技术在突发公共事件应急中的应用方面同样位于国际前列。

1. 移动通信技术的应用

日本是世界移动通信应用大国，手机普及率非常高。日本 SGI 等公司开发出一种在自然灾害发生后确认人身安全的系统。这一系统的功能，可通过可以上网并带有全球定位功能的手机来实现。中央和地方救灾总部通过网络向手机的主人发送确认是否安全的电子邮件，手机主人根据提问用手机邮件回复。这样，在救灾总部的信息终端上就会显示每一个受害者的位置和基本的状况，对做好灾害紧急救助工作十分有帮助。

2. 无线射频识别技术的应用

无线射频识别技术在日本的应用已较为广泛，在防灾救灾中的应用也较为成熟。譬如，在发生灾害时，在避难的道路路面上贴上无线射频识别标签，避难者通过便携装置可以清楚地知道安全避难场所的具体位置；又如，如果有人被埋在废墟堆里不能动弹或呼救的话，内置无线射频识别标签的手机会告诉搜救人员被埋者所处的具体位置，使搜救者能以最快的速度展开营救。

此外，无线射频识别标签还可以实现人和物、人和场所的对话。在救援物资上贴上这种标签，就可以把握救援物资的数量，救援物资可根据每个避难所的人数发放，应尽可能地做到合理分配。还有一个重要的应用是，当无法辨认伤员或死者的身份时，可以通过其身上携带的无线射频识别标签获得相关的信息，以准确地判别身份。这一点，在重大灾害应对处理时有着重要的作用。

3. 临时无线基站的应用

当出现强烈地震、海啸等严重自然灾害时，无线基站很容易遭到破坏，从而使移动通信系统处于瘫痪状态。为了在紧急状态下仍能发挥移动通信的作用，日本的相关公司开发出了可由摩托车运载，能充当临时无线基站的无线通信装置，解决移动通信的信号传输问题。

这种"基站"可以接受受害者的手机信号，确认他们的安全情况，并把相关情况通过这一装置传递给急救车上的救护人员。这种装置用充电电池可以连续工作 4 小时，而且摩托车可为充电电池充电，电波传输范围直径可达 1km，基本能满足现场通信的迫切需要（图 7-32）。

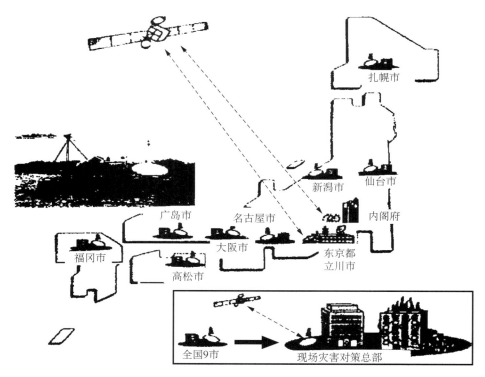

图 7-32　临时无线基站示意图

4. 络技术的应用

在地震发生前迅速作出预报，对采取有效应对措施意义十分重要。日本气象厅已开始利用网络技术实现"紧急地震迅速预报"，以减轻受灾程度。具体说来，就是把家庭和办公室的家电产品、房门等和互联网连接起来，由电脑自动控制，当地震计捕捉到震源的纵波以后，可在 3～5s 后发布紧急预报，系统接到紧急地震预报以后，即刻自动切断火源。一般来说，离震源数十千米至上百千米的地方地震横波大约 30s 左右才到。这样，在地震发生前的 30s 内离震源较远的地方可提前采取对策，从而可以有效减轻由地震造成的损失。目前，这一系统正在全国范围内推广应用。

与此同时，网络技术在建筑物减震方面也开始一显身手。日本大成建设公司正尝试应用网络技术最大限度地减少地震给建筑物造成的损坏。他们在建筑物楼顶或离大楼较近的地方安装感知器，在建筑物和地面之间安装被称为"调节器"的伸缩装置和橡胶等。当感知器一感知到地震引起的建筑物摇晃，便通过网络直接把详细数据传输给计算机，计算机根据摇晃程度控制通往"调节器"的电流，调整伸缩程度，减轻大楼的摇晃程度，从而对建筑物起到减震作用。

另外，应用网络技术的救助机器人也已在各种灾害救助中发挥越来越重要的作用。比如利用飞行机器人搭载全球定位系统，制成无人监测台风和地震灾害的系统，可有效预测风灾和震灾。今后，能够接受救灾总部指挥，能与救助者进行通信联络的新型机器人，将会在地面、空中和室内的救灾中发挥越来越重要的作用。

5. 突发公共事件应急信息化建设的成效

日本政府在最近十来年中大力度地推进突发公共事件应急信息化的建设，所取得的成效是十分显著的，这点可从政府在发生于 1995 年的阪神大地震以及 2003 年的本州岛东北地区地震所作出的不同反应得到印证。

1）阪神大地震的教训

阪神大地震于 1995 年 1 月 17 日清晨 5 时 46 分发生。35 分钟后，气象厅才给国土厅发出神户 6 级地震的传真（后改为 7 级），等到国土厅的人看到这份传真时，地震已经过去 1 个多小时。当国土厅的报告送达首相官邸时已经是地震后 5 小时了。首相官邸在灾难的危急关头成了"信息的空白地带"，以致于如何发挥政府中枢决策指挥机构的功能根本无从谈起。

因为信息不通畅造成的后果十分严重，不仅内阁安全保障室在紧急关头未能及时有效地发挥中央政府应急管理中枢机构的作用，而且日本政府反应迟钝，措施不当，把 7 级大地震当作一般的灾害来处理，最终导致 6000 多人死亡及失踪，受伤人数高达 4 万多，房屋损坏近 25 万幢，是日本自 1923 年关东大地震以来受灾损失最大的一次，引起了公众舆论的强烈指责。

2）本州岛地震的成效

2003 年 5 月 26 日傍晚，本州岛东北地区发生里氏 7 级地震。由于准备充分，一系列的应对措施开始启动：

地震一旦发生，可能受地震灾害影响的一系列相关活动随即停止：比如，北地区新干线列车自动停止运行；东北电力公司建在宫城县女川和牡鹿两町交界处的核发电站正在运转的发电机自动关机；灾情严重的岩手县和宫城县内的水泥、炼油、造纸等工厂生产线自动停止运转；东北地区乃至关东地区的家庭煤气在自控仪的作用下自动关闭。

地震发生 1～2 分钟后，电视画面随机出现东北地区发生地震的消息，从电视台预先架在楼顶的摄像机拍下的录像可见震中城镇大片房屋摇晃，从直升机转播可见仙台市一栋小楼起火；警察厅和岩手、宫城、山形等县警察总部启动灾害警备对策总部，从地方警察机构收集灾害信息；防卫厅启动对策总部，按预案要求，了解和掌握情况；陆上自卫队东北方面总参谋部进入非常状态，并派人到灾区。

地震发生 6 分钟后，首相官邸危机管理中心就迅速成立了地震对策室；召开了政府各部门主要负责人参加的紧急会议，决定由地震对策室收集相关信息；内阁府、国土交通厅、海上保安厅、总务厅等启动对策室或联络室。

地震发生 10 多分钟后，宫城县警察总部的摄像直升机已向首相官邸传送在空中摄影的灾区图像了。

震后 21 分钟，驻扎在山形县东根市的日本航空自卫队第 6 飞行队和驻扎青林县八户市的第 9 飞行队等所属的 14 架直升机出动，前往震区观察事态；第 9 飞行队所属的直升机发现岩手县二户市发生火灾。

震后 1.5 小时，日本内阁负责防灾的大臣在首相宫邸举行记者招待会，宣布政府对这次地震判断：有一些损失，但规模不大，暂不必启动中央灾害对策总部。

震后 2 小时，日本防卫厅长召集各局局长举行紧急会议，研究收集的震情和应采取的对策。

与阪神大地震相比，日本政府对本州岛地震的反应极为迅速，应对十分有效，造成的损害较为轻微，总共有 145 人受伤，450 座房屋遭受程度不同的损坏，充分显示了现代化的应急通讯信息系统在突发公共事件应急中所发挥的显著作用。

6. 建设完善信息通讯体制的课题等

基于阪神大震灾和新泻县中越地震等教训，各有关防灾机关进一步推进能抗大地震的通讯设备的抗震、免震对策，和防备商用电源停电等确保紧急用电源、通讯电路的多路线化和扩充映像传送等机能等，同时，引进最新的 IT 技术使无线电通信线路等宽带化、大容量化。

为使各有关防灾机关的通讯网互相的合作、防灾信息的共享和推进标准化、有效活用中央防灾无线网的灾害映像，有必要进一步推动实施和各省厅的联络、合作与运用方法，并就此进行训练等。

第八章　紧急地震速报网（S-net）

一、紧急地震速报原理与结构

1. 紧急地震速报原理

地震时，地震波在地下传播。纵波 P 波的传播速度比横波 S 波快，但对建筑物来说 S 波的破坏力比 P 波大。

紧急地震速报是由震源近的观测点首先捕捉 P 波，而后立刻判定震源、地震规模（震级）和各地的地震 P 波 S 波到达时间和震动烈度，并在当地主要震动到达之前提供信息，将此信息迅速地提供给使用者，有助于防止、减轻地震灾害。假如使用者在造成灾害的主要震动（大震动）到达之前能得到紧急地震速报，并即刻在最短时间内为谋求身体安全等采取某些对策，就可望减轻地震灾害（图 8-1）。

紧急地震速报是各观测点在地震波传播期间得到的数据信息。随着地震波传播到很多观测点，可反复判断震源和震级，随时间推移可提高精度。观测点在监测到地震之后，可生成从数秒～1 分钟左右之间数次（5～10 次左右）的信息报告。

紧急地震速报的速度要求以秒为单位。即从检测地震信号到形成信息，及信息发布的全过程的计算机自动处理过程要在数秒或数十秒之间完成。而且，地震发生后，随着大范围地区地震波的传播，各地的观测数据不断增加，还要进行地震波的重新处理，更新信息内容提高精度。

一般来说，震源和震级的判断精度随观测数据数量的增多而提高，时间推后的判断精度要好于最初探测到的 P 波信息结果，但随时间推后的紧急地震快报的有效性变低了。

由于紧急地震速报这样的特征，如何考虑判断精度、如何尽可能应用初期阶段的速报，是减轻地震灾害的关键。

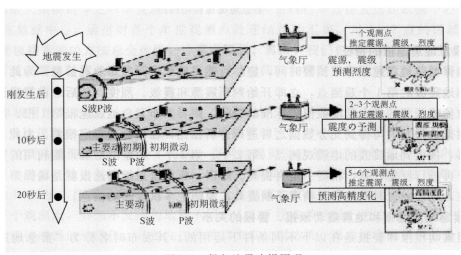

图 8-1　紧急地震速报原理

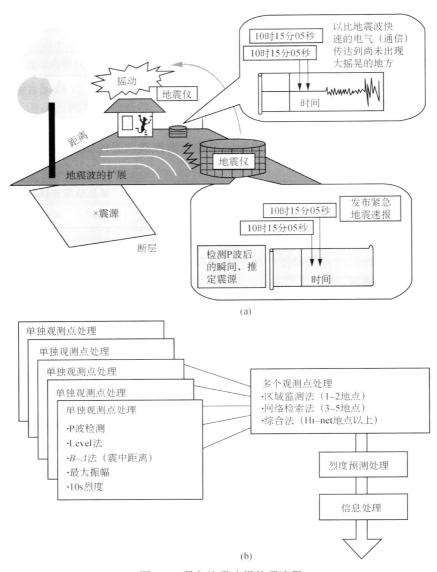

(a)

(b)

图 8-3　紧急地震速报处理流程

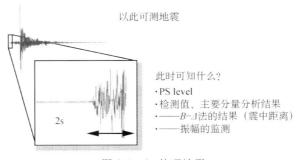

图 8-4　2s 处理波形

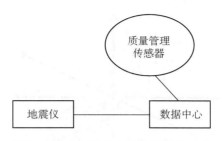

图 8-5　预防误操作的质量管理传感器

表 8-1　水平法结果在质量管理传感器呈 ON 则发出

	质量管理传感器 ON	质量管理传感器 OFF
level 法	发出	不发出
$B-\Delta$ 法	发出	发出

1) level 法

level 法是监测在观测点正下方附近发生地震的情况。目前，为排除脉冲式干扰，删除高频波后的上下震动加速波形，或者加速水平震动 2 分量合成波形超越 100Gal，而且质量管理传感器观测到标准以上的振幅的情况，向数据中心发出观测数据（图 8-6）。

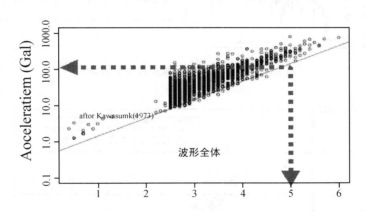

图 8-6　60s 间加速度 3 分量合成波形的最大振幅和计测烈度之间关系

2) $B-\Delta$ 法

地震波到达观测点，观测到干扰水平 10 倍的振幅时，（称为触发），开始处理。首先，从最初触发的时刻起，读取认为振幅超越干扰水平的时刻。这称之为 P 波检测时刻。应用从该时刻起 1s 间的位移波形，求出地震波是从哪个方向来的（主要分量分析）（图 8-7）。其次，绘制 2s 间加速波形的绝对值波形，就此，得出 $y(t)=Bte^{-Ae}$ 值波形，就此，成为：$y(t)=Bte^{-Ae}$ 的系数 B（图 8-8），以反映这个绝对数值波形的增加率的数值；系数 A，反映的是振幅增加趋势的持续时间的数值。也就是说系数 B 大，则可能大幅度增加，系数 A 小，则有小幅度的长久持续振幅增加。系数 B 与震源距离成反比，由 B 可大致求出其震源距离（图 8-9）。

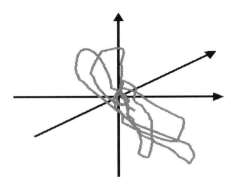

图 8-7　P 波初动部分（变位波形）1s 间粒子运动轨迹的主轴求地震波到来方向

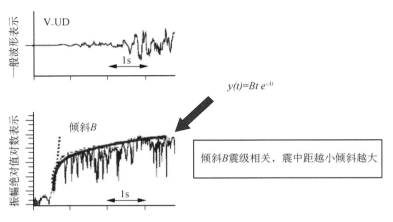

图 8-8　P 波初动部分（加速度绝对值波形）

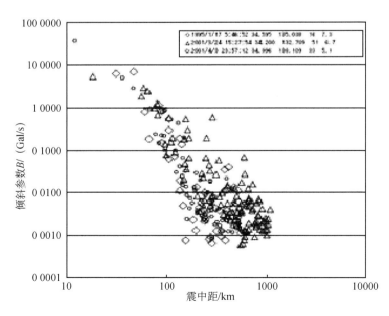

图 8-9　表示倾斜系 B 和震中距离的关系

3. 多个观测点处理

单独观测点处理的信息发送到数据中心汇集后，数据中心开始多个观测点的数据处理。

1）区域监测法（1，2 点处理）

利用 1，2 个观测点的资料进行处理，要想准确判断震源是不可能的，但以观测点的配置情况为基础，利用接收的地震波，可以判断大致震源位置。这种方法称为区域监测法。

在池塘中投一块石头，波纹就会在同心圆上扩展。同理，地震波也从震源大致呈同心圆扩展下去。若再单纯地考虑，就能判断地震波最早到达观测点四周的震源。内陆地区，观测点大致以等间距配置。所以，2 个观测点之间划垂直二等分线，假定在其垂直二等分线包围的多角形领域的监测范围内存在震源。可以预先计算这个监测的范围。如沿海附近和岛屿部的观测点，其周围不存在观测点区域，这个领域可设定很宽广。观测点从其配置情况看，可以分为被周围的观测点包围的内部观测点、部份被包围的外部观测点和位于其他观测点之外的孤立观测点。第 2 点地震波一到达，和第 1 点同样地描画出第 2 点的监测范围（2 次监测范围），判断和原先第 1 点的监测范围重叠部分存在震源，所以，其范围相当于被界定。

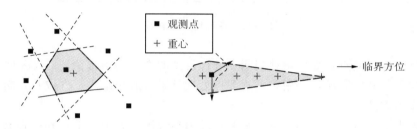

图 8-10 内部观测点（左侧）和外部观测点（右侧）的重心设定方法

观测点希望正常全天工作，每分钟向数据中心发送信息。然而，由于停电和机器故障、断线等原因，各观测点常常发生障碍。

（1）1 点处理。

若从现场观测点接收单独观测点处理结果，首先在数据中心启动处理（由于使用观测网进行处理的，这个也称为多个观测点处理）。

首先，调查观测点的位置相当于下面的那个，根据其情况求震源。

内部观测点：以垂直二等分线包围的多角形的重心作为震源。

外部观测点：若以单独观测点处理得到的方位向内部观测，以垂直二等分线包围的多角形的重心作为震源。向外部观测范围，并用单独观测点处理结果（震源距离、方位），判断相适应的震中地点作为震源。

孤立观测点：单独观测点处理结果（震源距离、方位）作为震源。

震源深度在这时还不能决定，从防灾角度算出震动的强度很大，应为 10km。

（2）2 点处理。

第 2 点数据一接收到，将第 2 点检测值和第 1 点检测值的时间差与 P 波视速度进行比较，相对同一个地震，判断是否发生了（同一性判定处理）地震。判断是同一个地震区域，则进行 2 点处理。

第 1 点是内部观测点：2 次监测范围的重心作为震源。

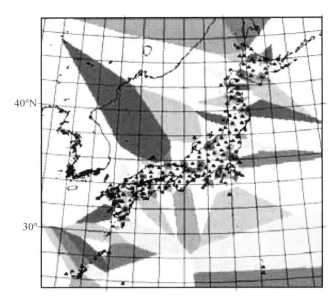

图 8-11 各观测点的范围

第 1 点是外部观测点：如果单独观测点处理得到的方位向内部侧，2 次区域监测的重心作为震源。向外部侧的区域，并用单独观测点处理结果（震源距离、方位）判断与震源距离相应的地点作为震源。

孤立观测点的区域：综合第 1 点、第 2 点的单独观测点处理结果，其中心点作为震源。震源的深度，和 1 点处理那样同样地不能确定，从防灾角度定为 10km。

2）网格检索法（3～5 点处理）

所谓网格检索法，在水平方向每 0.1 度、在深度方向考虑各个地区地震的发生情况，假定震源每深 10km，根据各个理论时间和观测时间的余差，探讨最小残差变小的震源。

3）震级计算方法

根据上述处理得到的震源和各观测点的最大振幅进行震级计算。气象厅一般性震级计算，并不是根据地震波的初动部分而是根据整个地震波的最大振幅求震级的，所以，即时震级计算是不可能的。对于紧急地震速报处理，判断地震监测后的早期阶段的震级是可能的，所以，可设定 P 波部分（P 相 M）和 S 相到达后（全相 M）的两种震级计算式，用各观测点 S 波到达的时间代入计算公式。

（1）已知各观测点检测 P 相后，根据 3s 后的最大振幅求 P 相 M（此后，计算每秒最大振幅计算 M）。

（2）到理论上的 S 相到达的时间的 70%，求 P 相 M。此后用全相 M 式代替。但要全相 M 代替过程的震级不变小，则需固定暂时的震级。（固定 M）若全相 M 比固定 M 大的话，转为用全相 M。全相 M 未超越固定 M 的情况，从固定 M 算出的破裂持续时间区域，也转换用全相 M。

为此，由于紧急地震速报处理得到的震源位置和实际震源位置的差及最大振幅的差距，则其震级可能会有增减（图 8-12）为防止此情况，设立以下更新条件，其结果定为紧急地震速报的 M。

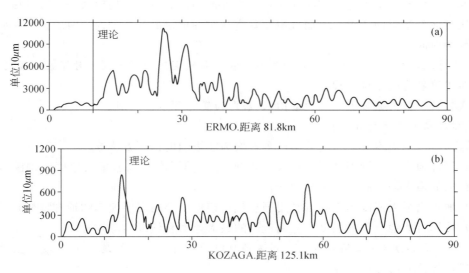

图 8-12 （a）是 2003 年 9 月 26 日十胜冲地震失禁裳观测点三分量合成位移振幅；
（b）是 2004 年 9 月 5 日纪伊半岛南东冲地震时古座川观测点三分量合成振幅

4）组合法

该手法是防灾科学技术研究所开发的栅极检索法的一种。紧急地震速报是用气象厅地震观测网（多功能型地震仪）的数据进行处理，但组合法是用防灾科学技术研究所的 Hi-net 观测网进行处理的。虽然这些观测网的观测密度、感应器特性、维护保养等不同，但均是以灵活互动形式开始紧急地震速报的高度现代化的设计。在其过程中，将组合法的"处理结果"试验性地纳入紧急地震速报的处理中，为提高精度和处理速度进行比较试验。在不久的将来，计划将两种处理方法进行结合。

5）根据 EPOS 的自动处理手法

气象厅 EPOS（Earthquake Phenomena Observation System）的处理，观测点波形数据集中在数据中心，进行地震探测处理（触发判定），若判定是地震，进行 P 波相、S 波相和最大振幅的自动检测求震源。这种处理在数据中心集中波形数据，由于数个观测点的振幅没发生变化没做处理，紧急地震速报处理出来结果的时间慢。但与紧急地震发生处不同的 S 相也作为决定震源的因素之一，精度比一般紧急地震处理精度要高。

目前，紧急地震速报的发布，也利用了过去发生的地震资料数据。但是，气象厅需要优先海啸预报工作。因此，在大地震发生区域，自动处理常常中断，此时自动处理结果没反应在紧急地震速报处理结果里。

4. 烈度预测和主要地震震动到达预测时间的计算处理

1）烈度预测顺序的概要

（1）应用震源位置、深度、震级等适用的最大速度的距离衰减式，求目标地点（全国烈度观测点大约 4000 点）的"标准基础"的最大速度。

（2）在各观测点的区域增幅度上考虑目标地点的增幅特性，算出地表的最大速度。

（3）换算为地表的计算烈度。

计算主要地震震动到达预测时间时，应用 S 波的传播走时。规模大的地震区域，往往最大振幅比 S 波到达时间稍迟些，而气象厅确定从时钟求得的 S 波理论走时表作为主要地震震动到达预测时间。

2）紧急地震速报从开始到发布预测烈度和主要地震震动到达预测时间的处理流程

发布预测烈度的处理流程。

输入处理：最大振幅值（加速度值）、震源位置、深度、震级

3）烈度预测数值计算处理

（1）通过震源决定方法、震源精度等转换为震级烈度预测方法等。

（2）目标地点（全国烈度观测点大约 4000 点）的标准基础上最大速度的判断（应用震源最短距离的强震动预测方法进行判断）。

（3）地表面最大速度的判断（利用国土数值信息中心的表层地理的地理增幅）。

（4）计算目标地点测量烈度（应用地表的最大速度和烈度换算式）。

4）应用强震动（主要地震震动）到达预测时间计算处理目标地点的 S 波（主要地震震动）的理论传播时间进行计算

输出处理：根据震源决定方法、震源精度和时间选择预测烈度发布的内容。

5）具体处理

（1）输入处理。

计算预测烈度所需的输入数据，基本上是震源位置（经度、纬度）、震源深度与震级，但对于单独观测点处理的 level 法，常常将超越预先设定的阈值区域的最大振幅（最大加速度值）作为输入数据的情况。计算有别于预测烈度、强震动（主要地震震动）到达预测时间的震源计算方法的输入数据等，即：

①为预测烈度所需的输入数据：

a. 单独观测点处理 level 法。

用既定值区域。

震中（该观测点的纬度、经度）。

深度、震级（事前设定的数值〔既定值：参数〕）。

用预测烈度计算式（从最大加速度值推算烈度的公式）的情况。

最大加速度值。

b. 其他震源决定方法。

震源（纬度、经度、深度）和震级。

②计算强震动（主要地震震动）到达预测时间所需的输入数据：

震源（纬度、经度、深度）。

（2）烈度预测数值计算处理。

①目标地点在标准基础上的最大速度的判断。

②地表面的最大速度的判断。

③目标地点监测烈度的计算。

（3）强震动（主要地震震动）到达预测时间计算处理。

使用气象厅的时钟（JMA2001），计算目标地点的 S 波到达预测时间。实际的强震动比 S 波到达时间稍迟，气象厅从防灾角度的安全方面考虑，将具有 S 波理论走时表作为主要地

震震动的到达预测时间。

（4）输出处理。

根据震源决定方法、震源精度和时间等评价烈度预测所需用的输入数据的精度，可以以各个不同的震源决定方法改变电子类别号码，表现烈度预测数值的精度。

表 8-2　震源决定方法和电文内容

震源决定方法	编码电文（电文种类编号）	译码电文（发布形式）
level 法	35	发布形式 1（最大烈度预测）
$B-\Delta$ 法、区域检测法	36	发布形式 2（M、烈度、到达预测时刻）
网格检索法等	37	发布形式 3（M、烈度、纬度、经度、深度、到达预测时刻

根据译码表现来区别：

发布类型 1：只限于预测烈度＝"○○烈度以上"

发布类型 2：M＝"○○M 程度以上"

预测烈度＝"○○烈度程度以上"

到达预测时间＝"○○时○○分○○秒"

发布类型 3：追加纬度、经度和深度

M＝"○○M 程度"

预测烈度＝"从○○到○○度"

到达预测时间＝"○○时○○分○○秒"

5. 发布类型 3 预测烈度的表现

预测烈度的上限和下限，震源设定的预测值为下限，考虑断层长（1/2）的预测值表示为上限。电子编码也同样地设定。

6. 烈度预测值和主要地震震动的到达时间的发布单位

目前，对全国大约 4000 点的每个点分别进行计算，然后以目标地点所属的"地区"单位发布。在这个地区里面有多个烈度观测点（以地震信息发布）。对于各个观测点，计算预测烈度和主要地震震动的到达预测时间；对于烈度，是将预测地点的最大烈度、对于主要地震震动到达预测时间是预测最早到达地点的时间，分别作为地区的代表数值而发布。由此有时就出现在同一地点没有判断最大烈度预测和主要地震震动到达时间预测的结果（图 8-13）。

紧急地震速报是地震发生后以震源附近观测点的数据为基础尽快判断震源、震级向使用者提供服务的信息，每次震源和震级的判断精度提高都要更新紧急地震速报。其结果，由于震源和观测点的位置关系，目标地区 S 波（主要震动）到达之前，有的区域 P 波到达之前就可传送发布信息。

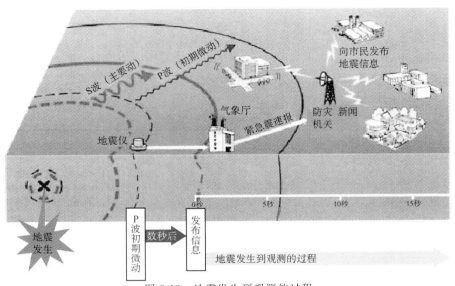

图 8-13　地震发生到观测的过程

三、紧急地震速报内容与发布条件

1. 面向高级使用者的紧急地震速报内容和发布条件

2006 年 8 月 1 日前，日本首先在部分区域进行紧急地震速报试点，采用高度自动化控制系统进行信息发布。2007 年 10 月 1 日以后，又进行连续服务。同时，配置家庭用的终端等，该系统可以接收信息，向高级用户提供的紧急地震速报，显示地震发生地点判断烈度和地震主要动到达预估时间等信息。

1）向高级用户提供紧急地震速报的内容

（1）地震的发生时间、地震发生地点（震源）的初步判断值。

（2）地震规模（震级）的判断值。

（3）当预判断烈度 4 度的以下时，发布判断震动最大的烈度数值[①]，当预判断最大烈度 5 度弱以上时，发布判断的地震影响地区名称和时间[②]；包括，预判断烈度 5 度弱以上地区的震动大小以及最大震动的预估到达时间。

紧急地震速报传统的地震信息的不同点是速度快。作为紧急地震速报，气象厅探测到如图 8-14 那样的地震之后的数秒～1 分左右之间发布数次（5～10 次左右）的信息。第 1 次报送速度最快，但精度较低，之后提供的信息的精度不断提高。大致在确认精度稳定时就发布最终报，这时紧急地震速报工作告一段落。

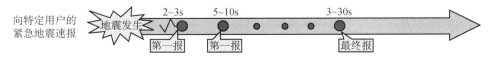

图 8-14　向高级用户提供紧急地震速报的内容

注：①从 2007 年 10 月 1 日起，烈度数值改为预判断烈度为 3 度。

②从 2007 年 10 月 1 日起，烈度数值改为判断最大烈度为 4 以上。

2）紧急地震速报的发布条件

在气象厅设置的多功能型地震仪无论在哪个观测点，P 波或 S 波的振幅达 100 伽（Gal）以上的情况[1]。

分析求出震源、震级、各地的预估烈度，其震级在 3.5 以上或最大预判烈度 3 度以上的情况下进行发布，当然，该标准可能在不断的变更升级[2]。

2. 面向一般用户的紧急地震速报的内容和发布条件

气象厅从 2007 年 10 月 1 日开始，面对一般需要发布紧急地震速报，其发布条件、内容如下。

1）发布条件

在 2 个点以上地震观测点观测地震波，并预判最大烈度在 5 度弱以上的情况下进行信息发布。

面向一般者传达的紧急地震速报的发布条件是以 2 个点以上地震观测点观测到地震波，且预判最大烈度 5 度弱以上的情况。

在 2 个以上观测点观测到地震波时的原因是为了防止地震仪附近雷电等影响而误报。

预判最大烈度 5 度以上情况的理由是，因为烈度 5 度弱以上将会产生显著的灾害，这时需要采取相应措施。

2）地震速报的内容

地震的发生时间、发生地点（震源）的初步判断，地震发生地点的震源地名；

预判断强震动烈度 5 度弱以上和烈度 4 度的区域名称（全国大约分为 200 个区域）[3]。

用"强烈震感"（5 度弱以上）来替代具体烈度数值进行发布，避免反复对烈度结果进行更正，用烈度 4 度和"强烈震感"两个等级来进行发布是因为因为震源地区断层运动不确定情况，以及预判断上存在差异（具体的预判断烈度值可能存在±1 烈度的误差），4 度的情况实际包含了 5 度弱的可能性。

对于预判断的地震到达时间，从气象厅发布的最小单位只有都、道、府、县共 3～4 个等级，而在一个区域内地震波到达的时间实际上有很大的差异，所以不进行发布。

3. 面向一般用户的紧急地震速报的续报发布

1）续报条件和内容

根据对紧急地震速报后的分析，如果出现最初判断烈度 3 度以下，但实际地区烈度在 5 度弱以上情况时需要进行续报发布。

续报的内容包括，重新初步判定的烈度 5 度弱以上的地区和重新初步判定的烈度 4 度的地区。

撤报是一种对前面的报告作撤销作废的续报，只用于因为雷电等地震以外的原因引起的误报，但是对于最初判断烈度 5 度弱的地区后后来又判断 3 度以下情况等不进行撤报处理。

注：①只根据 1 个观测点的处理结果发出紧急地震速报后，过了规定的时间，未进行第 2 观测点的处理，即当判断为干扰时，在发布数秒～10 数秒时发出注销报。在岛屿部等观测点密度低的地区，即使是实际地震也有发布注销报的情况。该区域到发布注销报往往需 30s 左右。

②对于震级不到 6.0 级同时最大预判烈度不到 5 度弱时，可作为参考信息进行发布。

③不发布具体的预判断烈度值和强震可能到达时间。

2）续报信息获取途径

2007年10月1日，气象厅开始正式向一般用户发布紧急地震速报，2006年8月1日开始提前得到紧急地震速报服务的高级用户，继续得到紧急地震速报信息。一般和高级用户获得的紧急地震速报的途径如下：

一般用户的信息取得方法。

（1）根据电视和收音机的广播。

从2007年10月1日起，从能准备的广播局逐步地通过电视、收音机广播紧急地震速报。广播形式、内容、播出时间等，由各广播局确定。

（2）根据防灾行政无线的广播。

2007年10月1日，通过防灾行政无线网络系统，部份自治体应用总务省消防厅的全国瞬间警报系统（J-ALERT）进行无线广播。比如，在岩手县釜石市和兵库县市川町举行了应用全国瞬间警报系统（J-ALERT）的紧急地震速报的模型实验。

（3）根据手机的收信。

通过部分各手机公司，对手机发布紧急地震速报。

（4）系统内的语言广播等。

在安装紧急地震速报的场馆等设施内，可以了解信息。比如，在气象厅总部大厅内就有紧急地震速报广播功能。

3）利用报警专用终端等的信息取得方法

已经开发了可以接收紧急地震速报信息的专用终端，以及为专业的紧急地震速报的工作者服务的安装在个人计算机上的软件。

4）要发布续报的情况

（1）根据发布紧急地震速报后的分析，判断3度以下烈度的地区变为烈度5度弱以上区域，则要发布续报。如前所述，根据信息发布后的分析，重新判断出现烈度5度弱以上的地区时，应发布续报。但是，在最初发布的信息里，发布包含判断烈度4度的地区，需续报的只是判断3度以下烈度的地区被重新判断为烈度5度弱以上的区域。

（2）在续报时，要发布重新被判断为烈度5度弱以上的地区和重新被判断烈度4度的地区。

（3）只限于把将霹雷等地震以外的现象误认为地震而发出紧急地震速报（误报）的进行撤销作废，例如判断烈度5度弱的地区后判断为3度以下烈度的结果的区域等，不撤销作废。

撤销判断废误报是理所当然的。

虽然不是误报，而在信息发布后的分析时，最大预测烈度为未满5度弱的情况，予以撤销作废，但从以下的观点，这样情况是适于不撤销作废的：

①根据撤销作废后的分析，最大预测烈度有可能成为5度弱以上的情况。

②地震已经发生了这是事实，从能感觉到震动，接受撤销作废信息的使用者相反地有出现混乱的情况（图8-15和8-16）。

图 8-15　紧急地震速报思路 1

图 8-16　紧急地震速报思路 2

　　然而，在震源附近地方，紧急地震速报信息发布之后到主要地震震动到达的时间，从十几秒到数十秒非常短的时间内，有时信息不能用。而且，由于使用极短时间的数据，存在所预测的烈度有误差等限制。为适当地活用紧急地震速报，必需充分地理解这种的特性和界限。

　　在气象厅和独立行政法人防灾科学技术研究所共同开展提高信息的精度与迅速化等研究

的同时，还要进行家喻户晓的紧急地震速报的宣传活动等早期提供信息的方略。

4. 针对广大公民的发布

1）向广大公民发布的紧急地震速报的内容

紧急地震速报作为防灾信息向广大公民发布时，应以简洁易懂的表现方式让接受者能立即采取危险回避等相对应行动。而且，紧急地震速报对一个地震而言，是经数次处理完成的，而一般使用者从多个紧急地震速报总选择适合自己情况的信息，实质上这是不可能的，所以，气象厅从迅速性和正确性这两方面考虑，认为最好最佳时点的信息"针对一般的紧急地震速报"进行发布是适当的。

据此认为，针对一般的紧急地震速报必需满足以下要件。

（1）针对1个地震而言，发布原则为规定1次，除去误报、强烈震动地区的扩大等没有特别必要区域，不再发布续报。

（2）判断强烈震动的区域。

（3）防止误报。

（4）尽可能迅速发布。

（5）考虑判断误差后给予适当表现。

（6）对必要地区避难等对应应有某种程度的限定。

（7）提供含电视等影像的必要信息。

作为满足上述要件的针对一般的紧急地震速报，认为按以下发布条件、内容是适当的。

①发布的条件：地震波在2个点以上地震仪观测到，判断最大烈度5度弱以上的区域时发布。

②发布的内容：地震发生时间、地震震中、判断强震动（烈度5度弱以上）的地区和判断烈度是4度的地区（全国分大约200个地区）。

③发布续报的区域：

a. 根据发布紧急地震速报后的分析，判断3度以下烈度的地区现判断为烈度5度弱以上区域，发布续报。

b. 续报中要发布重新判断烈度为5弱以上的地区和重新判断烈度为4度的地区。

c. 误认霹雷等地震以外的现象为地震是，发出的紧急地震速报（误报）应撤销作废，例如判断烈度5度弱的地区判断为3度以下烈度的区域等，不撤销作废。

2）与紧急地震速报传达方法相适应的表现方法

（1）广播传达区域，针对一般的紧急地震速报，可作为防灾信息发布提供给广大公民，给居民等使用者的提供，中长期方面开发应用最新信息通讯技术的各式各样的传达方法，并被实际应用，特别是电视、收音机和市町村防灾行政无线广播方式起了很大作用。紧急地震速报在其性质上，如果不能设法使接受者立刻应用的话，就不能发挥其信息的效用。为此，在将一般紧急地震速报通过广播提供给使用者时，看到（听到）其信息的使用者，在瞬间能正确地理解其内容，这是必不可少的。为此，希望广播都要以基本相同的表现形式传达信息。

作为广播表现形式的例子，分析整理每个传达方法的信息传达中的问题，广播业者、防灾相关机关等相关人员间进行研讨包含广播条件等，2006年汇总最终报告，相关人员协议出的表现方式的例子。

最终报告给出的表现形式例子，从谋求使用者方便为基点，对广播业者的广播内容不作拘束作为相关人员协议出的表示形式。而且，广播业者从使用者易懂的表现形式的观点，不妨碍在广播内容上下各式各样的功夫。

（2）根据个别契约传达的区域。

一方面，公民作为取得紧急地震速报的手段，除了电视、收音机等被动方式取得信息以外，应考虑应用手机和宽频电路等紧急地震速报的收信契约的主动取得方法。在这样区域，业者根据使用者的要求附上各式各样的付加价值的信息提供方式。

（3）在客人集中设施等的传达区域。

对于不特定多数人出入的设施（大型商业设施、电影院、运动场、车站、地下街等）的设施使用者，紧急地震快报的传达尤其需注意不要产生混乱等。

3）紧急地震速报的众人皆知、宣传

紧急地震速报是在从地震发生后非常短时间内发布的信息，通过向使用者提供信息，谋求减轻地震灾害。由于有一定的技术限制，活用紧急地震速报时，需要有宣传原则。

据此向广大的一般的利用者提供紧急地震速报时，紧急地震速报的特性和界限、具体内容、发布方法、发布时使用者应采取的行动等，均需要充分的让众人皆知。气象厅就此得到相关省厅、报道机关、地方公共团体等其他相关机关的共同合作，应尽早推动以下各条所列的各式各样方法的众人皆知活动。

（1）电视、收音机、报纸等报道的联络与合作。

（2）委托地方公共团体宣传报纸刊登介绍新闻。

（3）安排、制作、散发宣传用影像、小册子、广告单等。

（4）召开以防灾负责人、一般居民为对象的演讲会。

（5）策划、制作、安排、充实紧急地震快报的网页。

（6）利用防灾中心等设备进行体验型的教育，让众人皆知。

（7）制作、编写、安排学校的防灾教育教材（DVD等）。

（8）在示范地区开展信息传达实验等。在针对一般的紧急地震速报的开始提供时期的阶段，除以上方式以外，再增加根据如下方法，举行宣传活动，集中地让众人皆知。

（9）电视、收音机等幕间广告。

（10）与电视、收音机、市町村防灾行政无线等联系合作，共同进行信息传达训练。

利用各种媒体的政府宣传和市町村防灾行政无线宣传达到众人皆知等。

为切实普及紧急地震速报，由于紧急地震速报的提供有时并不与主震动到达时刻合拍，烈度等判断有误差，有误报等这些紧急地震速报原理和技术方面的限制，相关人员尽最大限度的努力谋求社会理解是重要的。气象厅今后应更加努力开发技术克服这些限制是当务之急。在努力实现众人皆知的宣传时，要和报导机关等其他相关机关联络合作，包含这些原理性的技术性的限制，也要进行宣传，让众人皆知。

四、紧急地震速报的服务

气象厅和独立行政法人防灾科学技术研究所进行共同研究等，在提高信息的精度和迅速化的同时，尽早地让紧急地震速报众人皆知、宣传活动等信息服务。

防灾科学技术研究所和气象厅共同开发紧急地震速报系统。这个系统的信息集约综合了气象厅的信息，从 2007 年 10 月 1 日开始作为紧急地震速报向社会提供（图 8-17 至 8-22）。

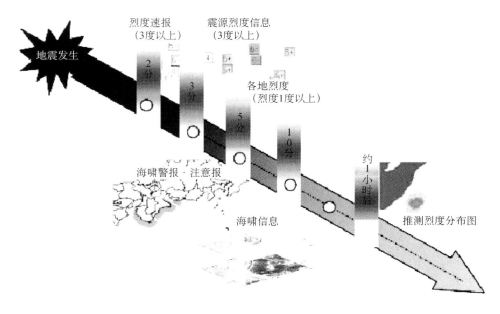

图 8-17　紧急速报的流程

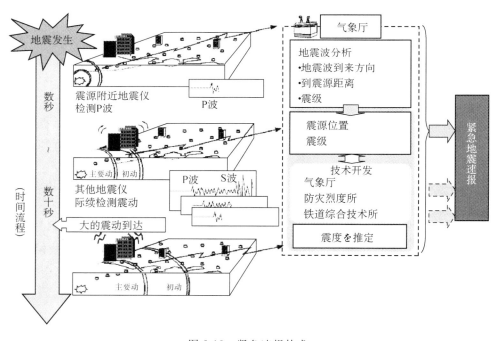

图 8-18　紧急速报技术

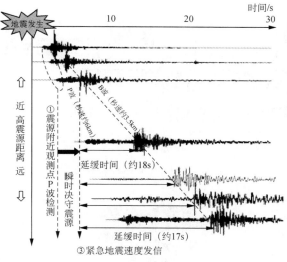

图 8-19　紧急地震速报发信

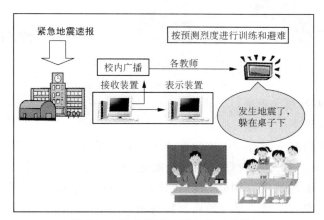

图 8-20　紧急地震速报宣传（学校）

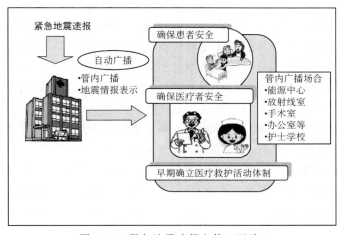

图 8-21　紧急地震速报宣传（医院）

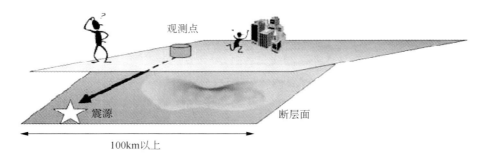

图 8-22　易发生技术性误差的实例

图 8-23　可导致地震误报的实例

1. 紧急地震速报的技术界限

紧急地震速报有以下的一定的技术界限。

（1）紧急地震速报的发布有与主震动到达不一致的情况，如在内陆的浅地震（所谓直下型地震）、震源正上方（震中）附近，紧急地震速报往往会出现与主震动到达不一致情况。另方面，即使海域发生的地震和内陆地震，对于震源深的地震，尽管地点在震源最近的陆上，由于离震源有一定的距离，紧急地震速报的发出与主震动到达相一致的可能性很高。

气象厅的紧急地震速报的发出即使与主震动到达的情况一致，传达到使用者还要一定的时间，所以，有必要注意紧急地震速报的提供与主震动到达不一致的情况。

（2）各地烈度的判断精度不充分情况，此时紧急地震速报的各地烈度的判断值是基于震源距离、震级、地区增幅度等数据，从经验式求出的，而震源和震级精度尽管判断得很高，由于现状的经验式本身带有误差，观测的烈度和测量烈度有±0.5～0.6程度的误差。还有，震源和震级本身也在少数观测点、短时间之间得到的观测数据判断，所以，精度有不充分情况。由于这个原因，各地烈度的判断精度有不好的情况。

（3）有发误报的可能性，对只限于1个点的观测数据形成的紧急地震速报，有出现误报（霹雷等地震以外的现象误认为地震发出的紧急地震速报）的情况。为此，为确保正确性，一边保持与迅速性的平衡，一边应考虑用2个以上的观测数据作成的信息。

只用1个观测点的数据的紧急地震速报，有误报的可能性，作为面向一般的紧急地震速报，2个点以上地震仪观察到之后发布是适当的。截至目前，用2个点以上的观测数据还没有误报的震例。

若附上2个点以上地震仪观测的条件，紧急地震速报信息最早能发出的时间会迟一点，迟缓平均 1s 左右。所以，从迅速提供的观点应没大的问题。

（4）速报频度与信息习惯问题，信息习惯就是我们常说的"狼来了"的故事。当发布标准为烈度 5 度弱以上的区域，面向一般的紧急地震速报就可能将频繁地发布时，有一个担心居民对信息习惯的问题。为此，采用这一发布标准时，针对一般的紧急地震速报实际要选择一个合适的发布时间。

从 1996 年 10 月烈度等级确定为现在的 10 等级，到 2005 年已经过 9 年 3 个月。在此期间，观测到烈度 5 度弱以上的地震是 123 次，（观测烈度 5 度弱以上的地震数量和判断最大烈度 5 度弱以上的地震数量，大致是相同数量。）针对一般的紧急地震速报发布平均每月 1 次多。仅从这个次数看，确实多些。而在相同期限，分析应用气象厅地震信息的每"地区"、实际"有强烈震动可能的地区"（最大烈度 5 度弱以上的地震，观测到 4 度以上烈度的地区）的次数看，全国大约 200 的某地区中，80% 以上的地区是 5 次以内。亦即是说，在整个80% 以上的地区，根据一般的紧急地震速报实际需要取得采取逃避行动的是 2 年 1 次以内，由此可见，担心发生接受到地震信息而发生信息习惯而使得警告无用的可能性很低。

五、今后中长期发展和展望

1. 提高主震动到达时间预测和烈度判断精度等

主震动到达时间预测，考虑目前的预测精度，现在还不能提供，而到达时间预测，由于它是使用者选择采取什么样对策的重要信息，气象厅继续努力提高预测精度，同时与有关机关和使用者联合，对使用者根据预测精度适当有利应用的紧急地震速报的发布和提供的理想方式进行研讨。

要想紧急地震速报更加迅速地发布，必须继续努力推进烈度判断精度等。气象厅积极应用防灾科学技术研究建设完善的观测网的数据等其他机关观测数据、应用防灾科学技术研究所等有关机关研究成果，以提高紧急地震速报的精度等。

2. 与广播、信息通讯等高度现代化的对应

从 2003 年 12 月起，开始地面电波数字电视广播，预定 2011 年转为地面电波数字广播全部完成，而利用地面电波数字广播，一般认为更能把详细的信息提供给观众。尽管地面电波数字广播成为主流，以现在的模拟广播的广播表现形式为基础，信息的细分化＼多样化在发展着。而气象厅今后有必要包括广播＼信息通讯的高度现代化提供给一般用户内容更充实的紧急地震速报等。为此，今后应强化与报道机关等有关机关的充分合作。

从电视、收音机得到紧急地震速报，只限于使用者视听中的情况，今后最好普及连在夜间就寝中也能取得紧急地震速报的手段。为此，期望"全国瞬间警报系统"早日在全国普及，在将来应用最新信息通讯技术，通过例如手机等移动通讯，在 24 小时内实现能取得紧急地震速报的环境。气象厅在有关机关的共同努力合作下，利用使用者协会等，推动实现这样的环境。

3. 全国瞬间警报系统（J-Alert）

全国瞬间警报系统（J-Alert）是利用人造卫星将气象厅发送的气象相关信息、内阁官方发送的有事相关信息向地方公共团体发送，自动启动市町村同报系防灾行政无线的系统。

从消防厅发送信息号码、目标地区编码信息等，全体地方团体接收。

只限于符合地区编码的地方团体、与信息号码相对应的，预先录音的广播内容进行自动

广播。

4. 紧急地震速报精度的评价

从 2004 年 2 月 25 日开始到 2005 年 10 月 31 日为止，期间试验运用提供了 320 例的紧急地震速报事件，现就精度作一评价。

应用 1 个观测点数据的阶段，误报发布 20 例。用 2 个观测点以上数据的阶段信息，没有出现一例误报。

观测烈度 4 度以上的地震 44 例，平均来看，用 1 个观测点的数据得到的信息，在地震探测的 5.5s 后提供，用 2 个观测点以上的数据的阶段信息，是在 6.6s 后提供。

对于"观测到烈度 5 度弱以上的地震"或"紧急地震速报上用的最大预测烈度 5 度弱以上的地震"（合计 16 例），用 2 个点以上观测点数据的紧急地震速报的最大预测震度是 5 度弱以上，而且在靠震源最近的地点主震动到达之前能提供的震例共 5 例，主震动到达之前能提供的例子是 11 例。对于观测最大烈度 5 度弱以上的地震（13 例），根据紧急地震速报报导的最大预测震度 5 度弱以上的是 11 例，其他的 2 例报道的最大预测烈度是 4 度。关于以紧急地震速报报道的最大预测烈度 5 度弱以上的地震（14 例），观测到最大烈度 5 度弱以上的 11 例，其他的 3 例，观测最大烈度是 4 度。

参 考 文 献

[1] Kazama, T. , H. Kawakatsu, and N. Takeuchi, Depth-dependent attenuation structure of the inner core inferred from short-period Hi-net data, Phys. Earth Planet. Int. , 167, 155 — 160, DOI: 10.1016/j. pepi. 2008. 03. 001, 2008

[2] Shimizu, H. , F. Takahashi, N. Horii, A. Matsuoka, M. Matsushima, H. Shibuya, and H. Tsunakawa, Ground calibration of the high-sensitivity SELENE lunar magnetometer LMAG Earth Planets Space, Vol. 60 (No. 4), pp. 353—363, 2008

[3] Ramesh, D. S. , H. Kawakatsu, S. Watada, and X. Yuan, Receiver function images of the central Chugoku region in the Japanese islands using Hi-net data, Earth Planets Space, 57, 271—280, 2005

[4] Nishida, K. , Kawakatsu, H. , and S. Obara , Three-dimensional crustal S-wave velocity structure in Japan using microseismic data recorded by Hi-net tiltmeters , J. Geophys. Res. , in press, 2008

[5] Kazama, T. , Kawakatsu, H. , and N. Takeuchi, Depth-dependent attenuation structure of the inner core inferred from short-period Hi-net data, Phys. Earth Planet. Inter. , 167, 155 - 160, 2008

[6] F-net Bmadband Seismic Observatiom Comducted1mder the FREESIA Project ByEiichi FUKUYAMA＊, Mizuho ISlHIDA, Sadaki HORI Shoji SEKIGUCHI＊, Shingo WATADA

[7] Observations of traveling ionospheric disturbances and 3-m scale irregularities in the nighttime F-region ionosphere with the MU radar and a GPS network A. Saito, M. Nishimura, M. Yamamoto, S. Fukao, T. Tsugawa, Y. Otsuka, S. Miyazaki, and M. C. Kelley Earth Planets Space, Vol. 54 (No. 1), pp. 31—44, 2002

[8] Nawa, K. , N. Suda, S. Aoki, K. Shibuya, T. Sato, and Y. Fukao, Sea level variation in seismic normal mode band observed with on-ice GPS and on-land SG at Syowa station, Antarctica, Geophys. Res. Lett. , 30, 55—1—55—4, 2003

[9] Jin, H. , T. Kato and M. Hori, Estimation of slip distribution using an inverse method based on spectral decomposition of Green' s function utilizing GPS data, J. Geophys. Res. , 112, B17, B07414, 2007

[10] Kato, T. , Y. Terada, T. Nagai, K. Shimizu, T. Tomida and S. Koshimura, Development of a new tsunamimonitoring system using a GPS buoy, Proc. Int. Symp. on GPS/GNSS, in press, 2008

[11] Kato, T. , C. D. Reddy, S. K. Prajapati, F. Kimata, Agustan, I. Meilano, Y. Ohta, T. Ito, D. Darmawan, H. Andreas, H. Z. Abidin, M. A. Kusuma, D. Sugiyanto, T. Tabei, M. Satomura, P. Wu and M. Hashimoto, Postseismic crustal movements derived from GPS observations due to the 2004 Sumatra-Andaman earthquake, Symposium on Giant Earthquakes and Tsunamis, Phuket, Thailand, January 22—24, 2008, 43 - 48, 2008

[12] H. Z. Abidin, H. Andreas, T. Kato, T. Ito, I. Meilano, F. Kimata, D. H. Natawidjaya and H. Harjono, Crustal deformationstudies in Java (Indonesia) using GPS

[13] Shiobara, H. , K. Baba, H. Utada and Y. Fukao, Three-year Deployment of Ocean Bottom Array to Probe the Stagnant Slab Beneath the Philippine Sea, EOS (Trans. Am. Geophys. Union), accepted, 2008. Online ISSN 1880—5981

[14] GPS detection of total electron content variations over Indonesia and Thailand following the 26 December 2004 earthquake Y. Otsuka, N. Kotake, T. Tsugawa, K. Shiokawa, T. Ogawa, Effendy, S. Saito, M. Kawamura, T. Maruyama, N. Hemmakorn, and T. Komolmis Earth Planets Space, Vol. 58 (No. 2), pp. 159—165, 2006

[15] Sagiya, T. , S. Miyazaki, and T. Tada, 2000. Continuous GPS array and present-day crustal deformation of Japan, Pure appl. geophys. 157, 2303—2322

[16] Fujimoto，H（2006）：Ocean Bottom Crustal Movement Observation Using GPS/Acoustic System by U-niversities in Japan，J．Geodetic Soc．Japan，52（4），265－272

[17] Geographical Survey Institute Ministry Japan Coast Guard GPS observations by Japan Coast Guard Report of The Coordinating Committee for Earthquake Prediction Vol. 80）

[18] Colombo，O．L．and A．G．Evans（1998）：Precise，decimeter-level differential GPS over great distances at sea and on land，Proc. ION GPS－98，Nashville，Tennessee

[19] Fujita，M．，T．Ishikawa，M．Mochizuki，M．Sato，S．Toyama，M．Katayama，Y．Matsumoto，T．Yabuki，A．Asada and O．L．Colombo（2006）：GPS/Acoustic seafloor geodetic observation：method of data analysis and its application，Earth PlanetsSpace，58，265－275

[20] Strong motions of the 2008 Iwate-Miyagi Nairiku earthquake observed by K-NET and KiK-net（NIED）地震予知連絡会会報 Report of The Coordinating Committee for Earthquake Prediction（Vol. 81）

[21] Araki，E．，M．Shinohara，S．Sacks，A．Linde，T．Kanazawa，H．Shiobara，H．Mikada，and K．Suyehiro，Improvement of Seismic Observation in the Ocean by Use of Seafloor Boreholes，Bull．Seism．Soc．Am．，94，678－690，2004

[22] Momma，H．，K．Mitsuzawa，T．Matsumoto and H．Hotta，Long-Term Sea Floor Observation in JAMSTEC，Proc．OCEANS 92，Vol．2，697－700，1992

[23] Momma，H．，T．Aoki，K．Kawaguchi，Recent Progress of the Deep Ocean Technology in JAMSTEC，Proc．ISOPE 2001/IDOT，660－663，2001

[24] Watanabe，T．，H．Takahashi，M．Ichiyanagi，M．Okayama，M．Takada，R．Otsuka，K．Hirata，S．Morita，M．M．Kasahara，and H．Mikada，Seismological monitoring on the 2003 Tokachi-oki earthquake，derived from Off-Kushiro permanent cabled OBSs and land-based observations，Tectonophys．，426，107－118，2006

[25] 汐見勝彦・小原一成・笠原敬司，防災科研 Hi-net 地震計の飽和とその簡易測定，地震 第 2 輯，57，4，2005，pp．451－461

[26] なゐふる総目次第 43 号（p．4－5）2004 年 7 月発行 高感度地震観測の革命 －防災科研 Hi-net－（防災科学技術研究所 小原一成）

[27] 松原誠・関根秀太郎・林広樹・小原一成・笠原敬司，2007，Hi-netのデータを用いた三次元速度・Q構造によるフィリピン海プレートのイメージング，月刊地球，号外 57，60－70

[28] 松原誠・関根秀太郎・林広樹・小原一成・笠原敬司，2007，Hi-netのデータを用いた三次元速度・Q構造によるフィリピン海プレートのイメージング，月刊地球，号外 57，60－70

[29] 広報誌 "なゐふる" 第 43 号 2004 年 5 月発行 高感度地震観測の革命 －防災科研 Hi-net－観測網もボーダーレス：一元化データ処理

[30] 広報誌 "なゐふる" 第 36 号 2003 年 3 月発行 地球深部望遠鏡としての日本列島 はじめに：望遠鏡としての日本列島地震観測網

[31] 地震本部ニュース" 平成 20 年（2008 年）8 月号広報誌世界でも例を見ない、首都圏での高密度地震観測網を構築

[32] 吉田康宏・神定健二・原田智史・藤原健治・大滝壽樹・田中明子・金嶋聡・末次大輔・神谷眞一郎・石原靖・竹中博士・斎田智治・藤井雄士郎 広域地震計設置のための埋没法の比較観測 地震 第 2 輯，54，1，2001，pp．9－16

[33] 防災科学技術研究所研究報告第 57 号 1996 年 12 月 Freesia Projectによる広帯域地震観測 福山英一＊・石田瑞穂＊・堀貞喜＊＊・関口渉次＊・綿田辰吾＊

[34] 広報誌 "なゐふる" 第 42 号 2004 年 3 月発行地面の強い揺れを記録する－強震動観測網－

[35] 防災システム研究センター 研究員 大井昌弘 2008 Winter No. 162 （C）独立行政法人防災科学技術研究所 2008.1 ・K-netと震度観測網による面的地震動推定 防災科研ニュース "冬" 2008 No. 162

[36] なゐふる総目次第31号 (p. 6) 2002年5月発行 "自治体震度計：波形記録の活用を進めよう" － 強震観測ネットワークに関するシンポジウムの議論を踏まえて（日本地震学会強震動委員会 シンポジウム実行ワーキング代表 植竹富一）

[37] なゐふる総目次第6号 (p. 4 & 5) 1998年3月発行 横浜市高密度強震計ネットワーク（東京大学地震研究所 菊地正幸）

[38] なゐふる総目次第27号 (p. 7) 2001年9月発行 "21世紀の強震観測ネットワークとそのデータ流通をデザインする－鳥取県西部地震・芸予地震の経験を踏まえて－"（日本地震学会 強震動委員）

[39] なゐふる総目次第42号 (p. 2－3) 2004年3月発行 地面の強い揺れを記録する－強震動観測網－（防災科学技術研究所 藤原広行）

[40] 渡邊篤志・竹中博士・藤井雄士郎・藤原宏行 K-NET 観測点の地震計方位測定（2）：大分県 地震 第2輯, 53, 2, 2000, pp. 185

[41] 功刀 卓 K-NET 強震計記録に基づく気象庁測震度と計測改正メルカリ震度の関係 地震 第2輯, 53, 1, 2000, pp. 89－94

[42] 中村亮一・植竹富一 加速度強震計記録を用いた日本列島下の三次元減衰構造トモグラフィー 地震 第2輯, 54, 4, 2002, pp. 475－488

[43] 大堀道広, 震源近傍の一, 二点の強震記録から推定する震源モデル－ 1990年小田原地震（MJ5.1）における小田原市久野地区の強震記録を用いて－, 地震 第2輯, 57, 3, 2005, pp. 257－273

[44] 文部科学省 "経済活性化のための研究開発プロジェクト" 防災科学技術研究所 http://www.kyoshin.bosai.go.jp/kyoshin/docs/kyoshin_index.html 強震観測網（K-net, KiK-net）について

[45] 広報誌 "なゐふる" 第31号 2002年5月発行 "自治体震度計：波形記録の活用を進めよう" － 強震観測ネットワークに関するシンポジウムの

[46] 広報誌 "なゐふる" 第27号 2001年9月発行 "21世紀の強震観測ネットワークとそのデータ流通をデザインする

[47] 広報誌 "なゐふる" 第28号 2001年11月発行 GPS観測網で検出された東海地方の異常な地殻変動

[48] 佐藤俊也・三浦哲・立花憲司・佐竹義美・長谷川昭 稠密GPS観測網により観測された東北奥羽脊梁山地の地殻変動 地震 第2輯, 55, 2, 2002, pp. 181－191

[49] 金曽貴之・小山順二・森谷武男・高橋浩 高速サンプリングGPS観測のノイズ評価 地震 第2輯, 53, 3, 2001, pp. 221－229

[50] 村上亮・小沢慎三郎 GPS連続観測による日本列島上下地殻変動とその意義 地震 第2輯, 57, 2, 2004, pp. 209－231

[51] なゐふる総目次第28号 (p. 2 & 3) 2001年11月発行 GPS観測網で検出された東海地方の異常な地殻変動（東京大学地震研究所 加藤照之）

[52] なゐふる総目次第44号 (p. 2－3) 2004年7月発行 地殻変動観測の革命：国土地理院 GEONET（国土地理院 畑中雄樹）

[53] 広報誌 "なゐふる" 第44号 2004年7月発行 地殻変動観測の革命：国土地理院 GEONET

[54] 広報誌 "なゐふる" 第44号 2004年7月発行 巨大地震を待ち受けるケーブル式海底観測網

[55] 三ケ田均, 固体地球物理学における海底観測の現状と展望, 深田地質研究所ライブラリ, 56, 45pp, 2004. 三ケ田均, 海溝型地震の観測成功と観測データから得られた今後の地震学研究へのフィードバック, 藤縄幸雄編 "天災・人災・海洋災害の分析と防災対策", 216 pp, 2006

[56] 門馬大和, 白崎勇一、VENUS計画におけるケーブル海底接続技術と海底作業、月刊海洋総特集・

海底ケーブル利用による多目的観測、28、4、224－230，1996

［57］門馬大和、岩瀬良一、藤原義弘、満澤巨彦、海宝由佳、初島における海底ケーブル式多目的観測システムとVENUSマルチセンサ、月刊海洋総特集・海底ケーブル利用による多目的観測、28、4、247－252，1996

［58］金沢敏彦地震地殻変動観測センター教授独立行政法人防災科学技術研究所 進化し続ける海底地震東京大学地震研究所ニュースレター Plus 第 3 号（取材・執筆：鈴木志乃）

［59］なゐふる総目次第 44 号 p.4－5 2004 年 7 月発行 巨大地震を待ち受けるケーブル式海底観測網（海洋研究開発機構 三ケ田均・松本浩幸、マリンワークジャパン 大塚梨代

［60］青柳恭平・阿部信太郎 海底地震計観測データを用いた海域における気象庁震源の補正 - 1993 年北海道南西沖地震直後の余震分布 - 地震 第 2 輯，53，2，2000，pp. 177－180

［61］青木元・吉田康宏・原田智史・山崎明・石川有三・中村雅基・田中昌之・松田慎一郎・中村浩二・緒方誠・白坂光行 自己浮上式海底地震計観測による駿河・南海トラフ沿いの地震活動-気象庁一元化震源との比較- 地震 第 2 輯，55，4，2003，pp. 429－434

［62］東京大学地震研究所ニュースレター Plus No.3（2008 年 7 月） 特集 進化し続ける海底地震計発行日 2008 年 7 月 31 日発行者 東京大学 地震研究所編集者 地震研究所 広報委員会（責任者：辻宏道、担当：望月公廣） ホームページhttp：//www. eri. u-tokyo. ac. jp/index-j. html 金沢敏彦地震地殻変動観測センター教授

［63］波鐵夫、村井芳夫、町田裕弥、斉藤市輔、牧野由美、勝俣啓、山口照寛・西野実、海底地震観測が明示した2003 年十勝沖地震直前の顕著な現象、地震 第 2 輯，57，3，2005，pp. 291－303

［64］山田知朗・篠原雅尚・金沢敏彦・平田 直・金田義行・高波鐵夫・三ヶ田均・末廣 潔・酒井慎一・渡邊智毅・植平賢司・村井芳・高橋成実・西野 実・望月公廣・佐藤 壯・荒木英一郎・日野亮太・宇平幸一・塩原 筆・清水 洋，稠密海底地震観測による2003 年十勝沖地震の余震分布，地震 第 2 輯，57，3，2005，pp. 281－290

［65］"地震本部ニュース"平成 20 年（2008 年）12 月号 地震・津波観測監視システム（DONET）－その 1 紀伊半島沖海底ネットワークの構築（独立行政法人 海洋研究開発機構 金田 義行）

［66］堀内茂木・根岸弘明・内田淳・口石雅弘・海野 仁・松澤暢・岡田知己・長谷川昭・吉本和生 高サンプリング地震観測システムの開発 地震 第 2 輯，55，2，2002，pp. 217－222

［67］なゐふる総目次第 34 号（p.4－5）2002 年 11 月発行 気象庁のナウキャスト地震情報（気象庁地震火山部地震予知情報課 上垣内 修）

［68］なゐふる総目次第 36 号（p.2－3）2003 年 3 月発行 望遠鏡としての日本列島地震観測網（東京大学地震研究所/パリ地球物理研究所 川勝 均）

［69］山本俊六・堀内茂木・根岸弘明・卜部卓，DVB 衛星通信を利用した即時地震情報の配信・受信システム，地震 第 2 輯，58，1，2005，pp. 71－76

［70］なゐふる総目次第 43 号（p.6－7）2004 年 5 月発行 観測網もボーダーレス：一元化データ処理（気象庁地震火山部 中村浩二）

［71］なゐふる総目次第 40 号（p.2－3）2003 年 11 月発行 気象庁が発表する東海地震に関する新しい情報体系（気象庁地震火山部地震予知情報課 上垣内修）

［72］なゐふる総目次 2004 年 3 月発行第 42 号（p.6）兵庫県南部地震以後の日本の震度観測（気象庁地震火山部 中村浩二）

［73］"地震本部ニュース"平成 20 年（2008 年）7 月号 "緊急地震速報"は日本で開発された技術。今後の活用に期待（政策委員会調査観測計画部会長 長谷川 昭）

［74］"地震本部ニュース"平成 20 年（2008 年）8 月号 世界でも例を見ない、首都圏での高密度地震観測網を構築（国立大学法人 東京大学地震研究所 平田 直）

［75］"地震本部ニュース"平成 20 年（2008 年）10 月号 我が国における地震対策 気象庁における地震・津波に関する観測と情報（気象庁地震火山部 管理課）

［76］"地震本部ニュース"平成 20 年（2008 年）11 月号 緊急地震速報の運用から 1 年を迎えて［その 1］緊急地震速報の一般提供開始一周年を迎えて（気象庁地震火山部管理課 松森 敏幸

［77］"地震本部ニュース"平成 20 年（2008 年）12 月号 緊急地震速報の運用から 1 年を迎えて［その 2］緊急地震速報の開発と将来展望（独立行政法人 防災科学技術研究所 堀内 茂木）

［78］"地震本部ニュース"平成 21 年（2009 年）1 月号 緊急地震速報の運用から 1 年を迎えて［その 3］（最終回）緊急地震速報を活用した地震・津波による人的被害軽減への取り組み（釜石市市民環境部 消防防災課長 末永 正志）

［79］"地震本部ニュース"平成 21 年（2009 年）1 月号 地震・津波観測監視システム（DONET）―その 2 地殻活動監視に向けた海底地殻変動観測システムの開発（国立大学法人 東北大学大学院理学研究科 藤本 博己）

［80］"地震本部ニュース"平成 21 年（2009 年）1 月号 海洋研究開発機構 海洋研究開発機構による 海溝型巨大地震研究の推進（p. 9）

［81］"地震本部ニュース"平成 21 年（2009 年）3 月号気象庁 気象庁による地震の監視・観測（p. 4〜p. 5）

［82］"地震本部ニュース"平成 21 年（2009 年）3 月号海上保安庁 海上保安庁による海域地震調査研究（p. 8〜p. 9）

［83］平成 20 年度 広報ぼうさい緊急地震速報受信装置等の普及促進 〜地震防災対策用資産の取得に関する特例措置（平成 21 年度税制改正）〜 日本内閣府 平成 20 年版 防災白書

［84］2007 Autumn No. 161（C）独立行政法人防災科学技術研究所 2007.9 特集緊急地震速報を支える防災科研の技術

［85］特集・緊急地震速報への防災科研の貢献・緊急地震速報への Hi-net の貢献・地震波波形処理と提供の研究・地震情報解析システムの研究開発・受信側の基礎データシステムの開発・緊急地震速報の利活用技術の開発・リアルタイム地震情報：今後の課題

［86］"地震本部ニュース"平成 20 年（2008 年）7 月号我が国における地震対策 中央防災会議による地震防災戦略の策定（内閣府参事官（地震・火山対策担当）池内 幸司）

［87］"地震本部ニュース"平成 20 年（2008 年）8 月号 我が国における地震対策"文部科学省・文化庁業務継続計画"の策定（文部科学省大臣官房総務課）

［88］地震に関する基盤的調査観測計画 平成 9 年 8 月 29 日 地震調査研究推進本部（SEISMO，2000，8）

［89］文部科学省経済活性化のための研究開発プロジェクト高度即時的地震情報伝達網実用化プロジェクト（平成 15 年度至 19 年度）